纺织服装高等教育"十三五"部委级规划教材

纺织结构成型学 3：
纺织品染整

郭腊梅 编

Forming Technology of
Fiber Ensembles 3：
Dyeing and Finishing

东华大学 出版社

·上海·

内 容 提 要

本书主要介绍纺织品的染色前预处理、染色和印花、染色后整理以及一些通过助剂整理而使纺织品获得附加功能的加工过程,内容涉及化学处理的原理、工艺及技术,并阐述有关化学助剂和染整药剂的化学性能及其与纤维之间的作用,同时对纺织品从坯布到终端使用品之间的加工方法和原理做概要说明。

图书在版编目(CIP)数据

纺织结构成型学.3,纺织品染整/郭腊梅编.—上海:
东华大学出版社,2016.3
ISBN 978-7-5669-0981-7

Ⅰ.①纺… Ⅱ.①郭… Ⅲ.①纺织工艺②纺织品—
染整 Ⅳ.①TS104.2

中国版本图书馆 CIP 数据核字(2016)第 006274 号

责任编辑:张 静
封面设计:魏依东

出　　　版:东华大学出版社(上海市延安西路 1882 号,200051)
本 社 网 址:http://www.dhupress.net
天猫旗舰店:http://dhdx.tmall.com
营 销 中 心:021-62193056　62373056　62379558
印　　　刷:常熟市大宏印刷有限公司
开　　　本:787 mm×1 092 mm　1/16
印　　　张:8.25
字　　　数:206 千字
版　　　次:2016 年 3 月第 1 版
印　　　次:2016 年 3 月第 1 次印刷
书　　　号:ISBN 978-7-5669-0981-7/TS·674
定　　　价:27.00 元

前　言

　　纺织品作为人们日用和工业用的重要材料,是材料领域的一个特殊分支。纺织工业在我国从做大转变到做强,需要一大批知识结构全面、跨学科的综合型人才。由于改善纺织品性能的关键在于提升纺织品的内在品质,因此对纺织专业人才而言,全面掌握有关纺织品的物理化学知识,了解相关的成形加工技术,可提升自身的专业能力和素质,开拓新产品设计思路。

　　《纺织结构成型学3:纺织品染整》是纺织功能材料专业的基础课程教材,主要任务是使学习者了解和掌握纺织材料的基本结构和性能及其与染色、印花、整理、改性之间的关系,以及纺织品染色整理加工的基本原理和基本工艺及加工过程中所用的化学助剂的性能和用途,了解纺织品整理改性的发展趋势,并能够运用所学知识解决应用问题。

　　本书编写简明扼要,从纤维的内在特性出发,讲述纤维的化学结构、物理结构及它们对纺织品染整加工处理的影响,并讲述染整过程中使用的主要药剂的化学性质与应用原理。在工艺处理上,以棉纺织品的染整加工为主线,阐述各种类型的纺织品染整加工的原理、工艺和效果,关注纺织品服用性能和使用性能的改进技术和方法。

　　本书力求在展现纺织品染整加工知识的同时,呈现科学的思维方法,有益于读者进行纺织品加工设计时创新思路。

　　本书在编写时得到了东华大学王璐、崔运花、赵俐、马莹、张斌老师的支持,还得到了田永龙、季梁、李强、俞莉玉等研究生的帮助。同时,本书参考了国内外大量的专业文献资料,参考文献中仅列出了部分主要的文献资料,可能有部分文献资料未注明。在这里谨向所有的作者表示真挚的谢意!

　　虽然作者努力想使本书完善,但限于作者的认识和水平,对日新月异的纺织品加工技术的掌握不够全面,书中可能存在不少缺点和错误,欢迎读者批评指正。

编　者

目　录

第一章　纺织纤维结构与基本化学性能

本章导读:纺织纤维内部有形态结构、超分子结构、分子结构层次,了解纤维的分子结构是纤维物化、染色性能的基础,但纤维的物理结构也对纤维物化、染色性能有作用,有时起决定性作用。本章的学习关键是了解纤维的结构和纤维的物理化学性能之间的关联。

第一节　纤维概论

一、基本概念

纺织结构成型物由纤维为基本单元而形成,纤维的性能决定了纺织结构成型物的加工性能和使用性能,特别是染色、整理加工性能,因此,本章重点介绍纤维的结构和基本化学性能。

纤维作为纺织物的最小独立单元,其长度远大于其宽度,属细长、有韧性和强力的固体材料。纤维如果仅仅进行纺纱、织造之类的物理加工过程,可形成确定形状的物品,如纱线、织物、三维立体织物。它们只能称为半制品,部分半制品可用于工业用途。而日常衣着服饰、居室用品、特殊工业纺织品等最终制品的形成,则需要对纺织成型半制品进行进一步加工。这种加工对纺织成型半制品的形体改变不大,但对色彩、外观、手感、光泽及功能性的改变很大,使纤维本体性能、表面微观结构发生化学物理变化。这就是纺织品的染整加工,是本书的主要讨论内容。

纺织品的染整加工在本质上是对纤维材料的成型品即纤维集合体进行化学处理或化学物理联合处理,以达到提高纺织品服用性能或增进纺织品使用功能的目的。在染整加工中,集合体宏观组织即织物形状虽然对染整过程和染整效果有一定的影响,但起决定作用的还是纤维的性质,因为大多数染料、助剂和功能整理剂是与纤维分子相互作用而进入纤维内部,或留在纤维表面与纤维分子产生结合作用。纤维自身的化学物理结构决定了纤维的化学、物理性质,因此也决定了纺织品染整所用的方法和效果。

一根纤维自身虽微小,但它是内部微观构造到一定层次的宏观体现,最终达到肉眼可见的程度;而纤维内部的微观结构虽很丰富,肉眼却不可见。纤维内部由高分子化合物为基本结构单元排列而成。构成纤维的高分子化合物是相对分子质量很大(大约为一万到数百万)、一般为长链线状的分子,它们的直径在纳米级、长度在微米级,放大几千倍后就像纤维那样呈细长形状,称为成纤高分子,其信息构成纤维的基本化学结构。长链线状高分子化合物集合堆砌在一起,作较有序的、沿纤维轴向的排列,这种排列具有超微序列层次,形成了纤维内部的超分子结构和形态结构。

形成纤维材料的高分子,除了具有上述的线性、长链、即使有侧基或支链也比较短小的结构特征外,还具有以碳原子为主链、大多数纤维是有机纤维的特征。上述描述仅是形成纤维的基本特征,没有包括特殊纤维。

在纺织品染整加工中,纤维结构是关注焦点,纤维高分子的化学结构及性质如何?纤维高分子与水有无结合基团、与染料分子有无作用点、与整理剂等有无结合点?结合点是共价键结合、离子键结合、氢键结合还是范德华作用力结合?其性质决定了染整加工方法、染整加工难易程度和整理效果,如染色牢度、整理耐久度。典型的例子如棉纤维和聚乙烯纤维,两者化学结构迥异,因而棉纤维所用染料和整理剂对聚乙烯纤维就不适用。对纺织品进行染整加工,首先得了解纺织品的纤维分子构成及相应的化学性质。实际上,纤维高分子的化学分子结构不仅决定了纤维的染整化学性质,也是纤维内部物理结构即超分子结构、形态结构的基础。

二、纤维分类

纺织纤维的种类繁多,一般分为天然纤维和化学纤维两大类,两大类再划分分支类目,见图 1-1。

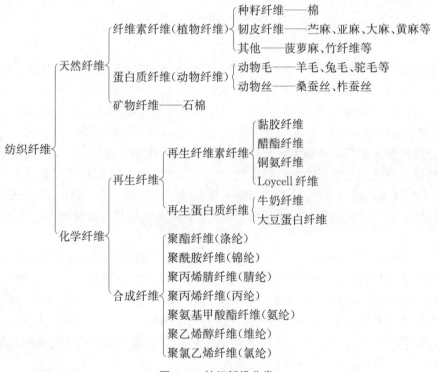

图 1-1　纺织纤维分类

天然纤维来源于自然界,有植物纤维、动物纤维和矿物纤维,在化学结构上分别对应于纤维素纤维、蛋白质纤维和石棉纤维。化学纤维是通过化学方法人工制造而成的纤维,根据原料来源即纤维高分子提取于自然界还是化工厂单体合成,又分为再生纤维和合成纤维两类。再生纤维目前在化学结构上有再生纤维素纤维和再生蛋白质纤维两类,合成纤维的分支基本上以纤维分子的化学结构命名。

目前,纺织纤维的种类仍不断地在扩大,不断地有新的天然、再生和合成纤维品种被发掘出来,以满足民用、工业和国防需要。限于篇幅,本书仅介绍常用纤维的性质和染整关系。

第二节 天然纤维结构与主要化学性能

一、纤维素纤维

(一) 纤维素纤维的分子结构

纤维素纤维如棉、麻、黏胶等,其纤维高分子俗称为纤维素,化学结构式如下:

纤维素分子的组成元素是 C、H、O 三种元素,分子式为 $(C_5H_{10}O_5)_n$,分子中的链节单元为 β-D-葡萄糖剩基。纤维素分子的周期性重复单元由相邻两个葡萄糖剩基形成,由 1,4-苷键相连,相邻两个葡萄糖剩基互为翻转式联接。纤维素分子中含葡萄糖剩基的数目 n 称为纤维素高分子的聚合度。对来源不同的纤维素纤维来说,其纤维素分子的 n 值不同,来自于棉和麻的纤维素分子,其聚合度高至 $10\,000 \sim 15\,000$;黏胶纤维纤维素分子的聚合度仅 $250 \sim 500$。聚合度会对纤维强伸度、染色等性质产生影响。

纤维素分子链的两个末端的葡萄糖剩基,称为端基。由于其联接方式与分子链中间的葡萄糖剩基不同,其性质也有所不同。在葡萄糖剩基为半缩醛结构的一边,即端基 1 号位碳原子上,羟基没有与其他原子结合,是自由羟基,这一端仍可回复成葡萄糖醛基形式,因而具有还原性质。当纤维素分子的聚合度较低时,同样质量的纤维中,纤维素分子数目相对较多,即端基数目多,纤维的还原性明显,对染料有影响。一般的纤维素纤维中,纤维素分子的聚合度都比较高,即端基数目少,纤维的还原性不明显。

纤维素分子中,葡萄糖剩基上共有三个自由羟基:两个仲羟基在 C_2 和 C_3 上,一个伯羟基在 C_6 上。它们作为醇羟基,具有一般醇羟基的性质,在化学反应性上,C_6 上的伯羟基比 C_2、C_3 上的仲羟基更活泼。三个自由羟基能在纤维素分子间和分子内形成氢键结合,能发生酯化、醚化、碱化、氧化、接枝等化学反应,是纤维素纤维改性的反应点。联接葡萄糖剩基的 1,4-苷键对碱稳定,而在酸性条件下却很容易发生水解反应而断开,使纤维素分子的聚合度下降,纤维强度因此受损,甚至没有使用价值。

(二) 纤维素分子的化学性质

纤维素分子由于具有上述化学结构,可发生下列主要化学反应:

1. 纤维素分子与酸反应

酸对纤维素分子的作用发生在纤维素分子主链的苷键上。苷键在酸性条件下易发生水解反应:

在苷键的水解中，酸起催化作用，因此，酸没有被消耗。酸能使纤维素分子不断水解，纤维素分子的聚合度发生大幅度的下降，对纤维的损伤极大。纤维素纤维因具有固体形态结构，与酸作用时，纤维中的纤维素分子处在非均匀状态，因此反应不均匀。首先，处于无定形区和晶区表面的纤维素分子接触到酸性溶液，因催化而发生水解反应，这时纤维外观没有变化；但在内部，纤维素分子链变短，无定形区分子间结合力减弱，纤维强度下降。若酸性水解反应持续进行，如在高温强酸性溶液中长时间处理，纤维素分子可完全水解成葡萄糖，直至纤维解体。

纤维素分子酸性水解的速率受酸的种类、浓度、温度、作用时间的影响。就酸的种类而言，强无机酸如硫酸、盐酸的催化作用强，弱酸和有机酸如磷酸、硼酸、乙酸等的催化活性弱，水解速率较慢；就浓度而言，酸的浓度越大，纤维素水解速率越快；温度对纤维素酸性水解的影响也很大，每增温 10 ℃，纤维素水解速率加快 2～3 倍；作用时间的影响是随反应过程的延长，纤维素分子的总水解程度越来越彻底。

纤维素分子酸性水解的速率还受到纤维物理结构的影响。麻、棉、黏胶纤维，在同样的酸性条件下进行水解，会发现麻纤维的水解速率最慢，黏胶纤维的水解速率最快。这是因为纤维的不均匀物理结构影响反应，麻纤维的结晶度高、分子排列紧密，因而酸难以进入，接触不到纤维素分子，因而其水解速率比其他两种纤维慢。

由于酸对纤维素分子有水解作用，在处理纤维素纤维及其织物时，应尽量避免使用酸溶液；需要使用时，要洗干净，避免在带酸情况下进行高温干燥处理。在生产工艺中，可选用稀酸，并且在低温下处理纤维素纤维织物，这不会引起织物强度的明显下降。在实际生产中，如原麻脱胶中的酸浸和酸洗工艺、酸退浆、漂白后的酸中和脱氯、涤/棉织物的烂花印花等，都成功地应用酸性工艺处理纤维素纤维织物。

2. 纤维素分子与氧化剂反应

纤维素分子由葡萄糖剩基构成，它的氧化性较弱，因此对许多还原剂很稳定，不反应；但是，葡萄糖剩基具有一定还原性，中强氧化剂能够氧化纤维素分子，作用后会发生分子链断裂，或者葡萄糖剩基上的羟基变成醛、酮或羧基结构；强氧化剂能够氧化纤维素分子至完全分解，生成 CO_2 和 H_2O。

空气中的氧气也是一种氧化剂，在一般条件下不会氧化纤维素分子，但在碱性、高温条件下，氧气对纤维素分子的氧化、裂解作用十分显著。因此，纤维素纤维织物在漂白加工和煮练或高温碱性处理中要控制工艺条件，防止纤维素分子与氧气接触而发生一系列氧化反应，以防止纤维素纤维织物因一系列中间氧化产物而形成隐性损伤。

纤维素纤维织物在漂白加工时所用的 $NaClO$、H_2O_2 等漂白剂，属于中强氧化剂，在溶液中接触纤维无定形区和晶区表面的纤维素分子，若氧化则生成一系列氧化态的中间产物。这些中间产物暂时不会导致纤维强度有明显变化，但后续碱处理时结构不稳定，葡萄糖剩基断裂,使纤维强度下降,并造成纤维隐性损伤。

3. 纤维素分子与碱反应

纤维素分子与碱之间的反应具有可逆性,在纤维素纤维织物的加工或整理中有很多应用,比较有益。

纤维素分子中葡萄糖剩基上的羟基具有与一般有机醇类的羟基一样的化学反应性质。例如乙醇能和氢氧化钠反应生成醇钠,纤维素分子也能和氢氧化钠反应生成纤维素钠:

$$C_2H_5OH + NaOH \longrightarrow C_2H_5ONa + H_2O$$
$$Cell\text{-}OH + NaOH \longrightarrow Cell\text{-}ONa + H_2O$$

纤维素分子中羟基上的氢的可电离性很弱,上述反应实际上向右很难进行,在浓碱、低温条件下才有利于向右进行,而在其他条件下,则易向左进行,纤维素钠恢复成纤维素分子结构。

纤维素分子的这种碱性反应性质,用于处理固态纤维素纤维则产生特殊的效果,浓氢氧化钠(12%~20%)溶液与纤维态纤维素分子作用时,由于钠离子的水合能力,在生成纤维素钠的同时,大量的水被带入纤维内部,使纤维内部剧烈溶胀。对天然纤维素纤维,如棉纤维,浓氢氧化钠的这种溶胀作用不仅发生在纤维无定形区,而且可使部分结晶区的纤维素分子之间的结合断开,也发生溶胀,分子链自由度增大。溶胀后对纤维进行水洗处理,纤维素钠水解,又恢复生成纤维素分子。若纤维此时处于无张力施加的自由状态,则因分子链之间无结合力约束,纤维内部的分子链发生松弛和取向降低现象,纤维外观发生明显的纵向收缩、横向增粗现象,称为碱缩;若纤维被施加一定张力以防止其收缩,则纤维形态呈现另一种变化,这就是棉织物的丝光,纤维长度无明显变化,但在横截面、纵向纤维表面、内部结晶度和取向度等方面都发生变化,从而导致一系列性能得到改善。

纤维素分子对碱的作用可逆、稳定,但在高温、有空气存在时,由于碱有催化氧气氧化纤维素的作用,纤维强度会受损,故而应避免含强碱液的纤维素纤维织物长时间地与空气接触。

4. 纤维素分子的其他反应

纤维素分子中葡萄糖剩基上有三个羟基,与醇羟基一样,能进行一系列化学反应,从而可进行纤维素纤维织物的化学变性,改进纤维素纤维织物的染色性和功能性。

(三) 纤维素纤维的物理结构

纤维物理结构常常会对纤维的染色、整理性能产生巨大影响。例如棉和麻同为纤维素纤维,虽然它们的染色方法一样,可两者的强力和上色性能的差异很大;普通黏胶纤维和高湿强黏胶纤维也是如此,它们的染整性能因纤维物理结构不同而不同。

纤维物理结构在理论上可分为纤维的超分子结构和纤维的形态结构两个层次。

纤维的超分子结构是指在分子结构的基础上、由许多个分子聚集一起、尺寸在超微观尺度(数纳米至数十纳米)的结构,其层次介于纤维形态结构和分子结构之间,描述的是纤维中的长链分子(高分子)的排列状态、排列方向、聚集程度等;纤维的形态结构是指在纤维的超分子结构的基础上而形成的纤维分子的聚集体结构,即超微分子聚集体的再聚集结构,尺寸可达微米尺度。

纤维物理结构对纤维染整性能的影响是影响了试剂与作用点的接触,主要在于染整试剂的通达程度,也称为可及度。若纤维物理结构中分子排列留下的空隙小,染整试剂无法进入纤维内部而到达目标位置,而是被阻挡而留在纤维外面,因而谈不上该发生的反应;若纤维物理结构中分子排列留下的空隙大，染整试剂则容易进入纤维内部而到达目标位置，从而能发生预定的反应。

天然纤维和化学纤维不同。天然纤维在生长过程中形成丰富的形态结构，不同的纤维来源，其形态结构差异大；化学纤维的形态结构不丰富，纺丝拉伸工艺决定其超分子结构和形态结构。

1. 纤维素纤维的超分子结构

纤维的超分子结构的概念抽象，为便于理解，采用一些形象、直观的模型来表达。棉纤维的超分子结构可以用缨状原纤模型描述，如图 1-2 所示。

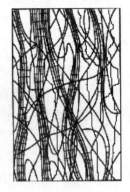

在缨状原纤模型中，超微结构态的纤维素分子排列不均匀。紧密格线表示在一些区域纤维素分子链排列整齐、紧密，构成三维空间有序状态，称为结晶区。结晶区域的分子链间作用力大，链间空隙小，在水中难以溶胀，故染整药剂难以进入。无规则线条表示在另一些区域纤维素分子链排列无规则，称为无定形区。无规则排列的纤维素分子链可能从某个结晶区域延伸出来，经过无定形区，又嵌入另一个结晶区域，把结晶区域连在一起。纤维的结晶区构成一个个相对独立的小整体，是纤维的雏形，也称为纤维的微原纤；数个微原纤排列在一起又构成一个小整体，称为原纤；原纤有时会从纤维上剥离开来，形成毛羽，在显微镜下可观察到。

图 1-2　缨状原纤模型

缨状原纤模型除用来说明棉纤维的超微构造外，还用于说明麻和黏胶之类的纤维素纤维、蚕丝和一些合成纤维的超微构造。

纤维内部的超微构造有结晶区和无定形区两个基本区域，两个区域交联在一起。两个区域的比例对纤维的理化性能的影响很大，为此，用结晶度来表示两个区域的比例。

结晶度是指结晶区的纤维分子质量占纤维总质量的百分比。例如纤维素纤维的结晶度为：棉纤维 70%；麻纤维 90%；丝光棉纤维 50%；黏胶纤维 40%。

结晶度描述的是纤维内部结晶区分子链的比例。结晶度高，表明纤维内部分子链排列松散的区域少，即无定形区少，分子链间氢键、范德华力等作用力强，分子链弯曲、滑移的可能性小。这样，纤维受外力作用时，表现为强度高、断裂延伸率低；用染料、整理剂加工时，由于染料、整理剂分子只能进入较松散的无定形区和结晶区的边缘，不能进入紧密的结晶区，影响了染色深度和处理程度。

描述纤维内部超分子结构的概念还有一个，称为取向度。纤维内部无定形区的分子链排列尽管无规则，但实际上它们的走向都与纤维轴向有一定的平行度；结晶区内微晶体条的走向也是如此，与纤维轴向有平行排列的趋向。取向度表达的就是这种平行情况。分子链走向或晶体条走向与纤维轴向完全平行，即夹角为 0° 时，取向度最高，取向度值定为 1；分子链走向或晶体条走向与纤维轴向完全垂直，即夹角为 90° 时，取向度最低，取向度值定为 0。麻纤维的取向度很高，接近 1；棉纤维内外层的取向度不一样，内层的取向度较高。

取向度对纤维的化学物理性能的影响也比较大。取向度实际上标志着微晶、分子链排列在一维或二维方向上的有序程度。取向度高，说明分子链朝纤维轴向排列的有序程度高，当纤维受到外力拉伸作用时，因链间作用点较多和分子链能均匀受力，应力集中点少，因而表现出较高的纤维强度；取向度低，说明分子链朝纤维轴向排列的有序程度低，当纤维受到外力拉伸作用时,链间作用力弱、分子链受力不匀,应力集中,产生断裂弱点,因而表现出较低的纤维强度。取向度对纤维吸收染料、整理剂有影响,但没有结晶度明显,即高取向度纤维只要其分子链间的空隙大于染料、整理剂的分子尺寸,染色整理就容易进行并且均匀。丝光棉是典型的一个例子,与未经丝光的棉纤维相比,丝光棉的结晶度较低,但取向度高,因此强度无下降,而染色性能得到改善。

2. 纤维素纤维的形态结构

棉和麻是典型的天然纤维素纤维,形态结构丰富,如图 1-3 所示。

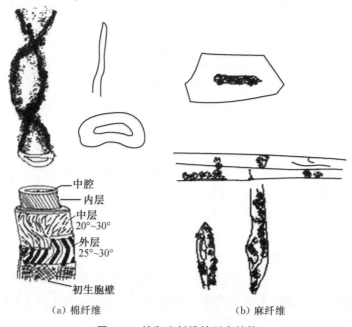

（a）棉纤维   （b）麻纤维

图 1-3　棉和麻纤维的形态结构

棉纤维由棉籽细胞长成,一个细胞发育形成一根纤维,从棉籽上轧脱下来的棉纤维,根部截断、梢部封闭,纵向呈扁平、扭曲条带状,横截面呈腰子形或耳状。棉纤维从里到外的形态结构分为三个层次:①胞腔,由棉纤维细胞内液干涸后留下而形成,含有蛋白质、矿物盐、色素等杂质。②次生胞壁,是棉纤维的主体,占整根纤维质量的 90% 以上,由纤维素分子在初生胞壁内沉积形成,以原纤网状组织层层交叉叠成,每层厚 0.1～0.4 μm,有 25～40层,在截面上呈同心圆日轮状,原纤绕纤维轴做螺旋排列,螺旋角为 20°～35°。根据原纤的螺旋排列方式,次生胞壁又分为三个部分:外层、中层和内层。若外层原纤螺旋走向为 S形,则中层呈 Z 形螺旋,内层螺旋走向与外层同。各层原纤沿纤维轴向不是直螺旋,而是发生多次转折,在原纤的一些转折处,棉纤维发生扭曲。③初生胞壁,在棉纤维细胞初步生长时形成,比较薄,厚 0.1～0.2 μm。纤维素分子在这一层以网络迭合结构存在,取向度低,对内部次生胞壁起束缚作用,阻碍次生胞壁溶胀。初生胞壁中含有一些杂质,如果胶、油蜡等。

初生胞壁上有一层外皮,由果胶、油蜡质组成,使棉纤维具有拒水性,阻碍染整药剂渗透。初生胞壁和外皮不是纤维素主体,在煮练、漂白中被除去。

麻是植物茎秆的韧皮层中的组织成分,称为韧皮纤维。麻的种类很多,来源于不同麻杆的麻纤维的物化性能差异很大，能制作衣用纺织品的麻纤维主要是苎麻和亚麻纤维。

麻纤维的外观形态如图 1-3 所示。单根麻纤维是一个壁厚、两端封闭、内有狭窄胞腔的长条细胞。苎麻纤维的两端呈锤头形或分叉形；亚麻纤维的两端细些，呈纺锭形；大麻纤维呈钝角形或分叉形；黄麻呈钝角形。麻纤维的横截面呈多角形或腰圆形，纵向有竖纹和横节。

麻纤维的内部形态结构的研究不如棉那样透彻，也像棉纤维那样有初生胞壁、次生胞壁及同心日轮纹结构，其内部由结晶度和取向度很高的纤维素分子聚集排列而成。

原麻纤维的纤维素成分占 60%～70%，因生长在韧皮层中，其他都是称为胶质的黏附杂质，有蜡状物、半纤维素、木质素、果胶质、含氮物、灰分、可溶物和水分等。苎麻和亚麻纤维的化学组成见表 1-1。

表 1-1　苎麻、亚麻纤维的化学组成

成分	纤维素	半纤维素	木质素	果胶物质	蜡状物质	灰分	其他
苎麻含量(%)	72	13	1.4	4.3	0.68	4.3	3.9
亚麻含量(%)	74	—	2.9	2.0	2.4	1.1	15

麻纤维的黏附胶质不利于麻纺织加工，原麻需先经脱胶处理才能进行纺织加工。麻纤维两端封闭、内部结构规整，染料等处理剂难以进入，因而对麻纤维进行改性，调整纤维内部的物理结构，是开发、利用麻类纤维产品的重点。

二、蛋白质纤维

(一) 蛋白质纤维的分子结构

由蛋白质分子为结构单元构成的纤维称为蛋白质纤维。蛋白质纤维基本上由动物产生，如羊毛、蚕丝、蜘蛛丝等。目前，再生蛋白质纤维也用植物蛋白质分子如大豆蛋白质为原料，经过适当处理而制成。

蛋白质分子的化学组成元素较复杂。其中，C、H、O 为主构成元素；N 元素是蛋白质分子的特征元素，在蛋白质分子中约占 16%；此外，硫元素在蛋白质中也有较高含量(约 4%)，有些蛋白质分子还含有 P、Fe、I、Mn、Zn 等元素。蛋白质纤维的分子构成主要有 C、H、O、N、S 五种元素。

蛋白质高分子链的单元结构是氨基酸残基(下式左)：

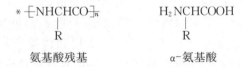

$$* \!-\!\!\left[\!NHCHCO\!\right]_{\!n} \qquad H_2NCHCOOH$$
$$\underset{\text{氨基酸残基}}{\overset{|}{R}} \qquad \underset{\alpha\text{-氨基酸}}{\overset{|}{R}}$$

氨基酸残基是 α-氨基酸进入蛋白质高分子链缩合而成。α-氨基酸有二十多种，其通式如上式右所示；侧基—R 有简有繁，最简单的是—H、—CH₃，最复杂的是含芳香环、杂环的侧基，见表 1-2。由此可见，蛋白质分子的主链结构很规则，但侧基种类、基团大小多变。蛋白质分子的结构复杂性正来源于此。目前蛋白质分子的序列结构还不容易测定。不同序列结构的蛋白质分子，其性质各异。

蛋白质分子主链也称为多肽链，是由 α-氨基酸通过氨基和羧基进行脱水缩合反应形成的联接，在蛋白质分子中专门称作肽键，而在一般有机物中称作酰胺键。

表 1-2　组成天然蛋白质分子的氨基酸品种

侧基—R 的结构	氨基酸的名称	缩写	等电点
1. R 为中性基团			
—H	甘氨酸	Gly	5.97
—CH$_3$	丙氨酸	Ala	6.00
—CH(CH$_3$)$_2$	缬氨酸	Val	5.96
—CH$_2$CH(CH$_3$)$_2$	亮氨酸	Leu	6.02
—CH(CH$_3$)CH$_2$CH$_3$	异亮氨酸	Ile	5.98
	苯丙氨酸	Phe	5.48
	色氨酸	Try	5.89
	脯氨酸	Pro	6.30
2. R 含有—OH			
—CH$_2$OH	丝氨酸	Ser	5.68
—CH(OH)CH$_3$	苏氨酸	Thr	5.60
	酪氨酸	Tyr	5.66
	羟脯氨酸	Hyp	5.83
3. R 含硫元素			
—CH$_2$SH	半胱氨酸	Cys	5.07
—CH$_2$CH$_2$SCH$_3$	蛋氨酸	Met	5.74
	胱氨酸	Cys-Cys	4.60
4. R 含有—COOH			
—CH$_2$COOH	天冬氨酸	Asp	2.77

（续　表）

侧基—R 的结构	氨基酸的名称	缩写	等电点
—CH_2CH_2COOH	谷氨酸	Glu	3.22
5. R 含有碱性基团			
—$CH_2CH_2CH_2CH_2NH_2$	赖氨酸	Lys	9.74
—$CH_2CH_2CH_2NHCNH_2$	精氨酸	Arg	10.76
（组氨酸结构式）—CH_2—	组氨酸	His	7.59

蛋白质分子中的氨基酸排列称为蛋白质分子的一级结构。蛋白质分子链在空间通过分子间或分子内基团之间的结合力会形成特定分布和走向，称为蛋白质分子的空间构象。蛋白质分子的空间构象复杂且有层次，分别称为蛋白质分子的二级结构（图 1-4）和蛋白质分子的三级结构（图 1-5）。此外，蛋白质分子还有四级结构。

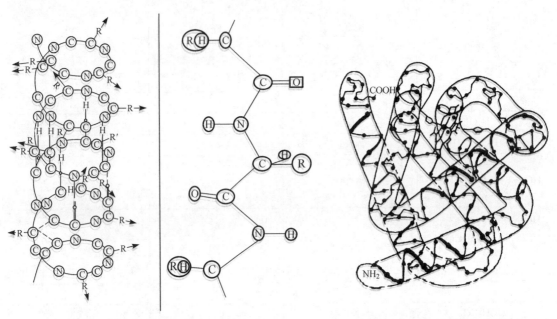

图 1-4　蛋白质分子的二级结构　　　　　　图 1-5　蛋白质分子的三级结构

蛋白质分子的二级结构主要是指由同一多肽链形成的有规则的构象，如 α-螺旋链、β-折叠链等；蛋白质分子的三级结构是在二级结构的基础上，多肽链上的侧基之间因氢键等作用而使多肽链做进一步的盘旋和折叠，整个分子所形成的规则或部分规则的特定构象。

蛋白质分子的空间构象的稳定存在，主要由氢键和一个特殊共价键——二硫键（—S—S—）支撑，这些分子间的非共价键和二硫键称为蛋白质分子的次价键或副键，它们的键能较小，但数量众多，对蛋白质的结构、性能非常重要。

稳定蛋白质分子的空间构象的副键有以下几种：

（1）氢键：数量最多，在主肽链的亚氨基上的氢原子和羰基的氧原子之间广泛存在。

（2）离子键（盐式键）：在酸性侧基和碱性侧基之间先发生氢电离、转移，再由电荷吸引而形成。

（3）二硫键：在不同肽链或同一肽链之间由两个硫原子共价键联接而成。

（4）疏水键：在水溶液中，非极性侧基因疏水而相互聚在一起，起到固定蛋白质结构的作用。

蛋白质分子的副键结构如图1-6所示。

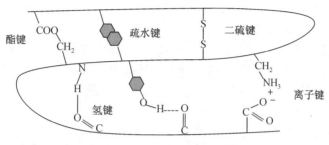

图1-6　蛋白质分子的副键结构

（二）蛋白质分子的化学性质

蛋白质分子的化学性质主要如下：

1. 两性性质

蛋白质分子由氨基酸脱水联接而成，分子链的两个末端分别为氨基和羧基，此外，分子链的侧基上也有为数不少的弱酸性基团和弱碱性基团，因此，蛋白质是两性物质。它既可接受质子（H^+），又可放出质子，在水溶液中以两性离子的形式存在，同一分子可带正、负两种电荷，氨基上带正电，而羧基上带负电：

$$H_3N^+ \!-\! P \!-\! COOH \xrightleftharpoons[+H^+]{-H^+} \genfrac{}{}{0pt}{}{H_2N \!-\! P \!-\! COOH}{H_3N^+ \!-\! P \!-\! COO^-} \quad or \quad \xrightleftharpoons[+H^+]{-H^+} H_2N \!-\! P \!-\! COO^-$$

蛋白质分子在水溶液中所带净电荷，由溶液的pH值决定，在低pH值时带正电，因氨基接受了H^+；而在高pH值时带负电，因羧基电离释放了H^+。在某一pH值时，蛋白质分子所带净电荷的数量总和为零，此时溶液的pH值称为蛋白质的等电点，用pI表示。在等电点时，蛋白质在溶液中易沉淀、电泳，电导率较低，纤维蛋白的溶胀、溶解和渗透压都较低。

蛋白质分子的等电点因种类不同而不同。例如羊毛纤维蛋白的等电点为4.2～4.8，桑蚕丝纤维蛋白的等电点为3.5～5.2，胃蛋白酶的等电点为1.0。蛋白质分子的等电点取决于所含酸、碱性基团的种类和数目，一般来说，含酸性基团强、数量多，等电点偏酸；含碱性基团强、数量多，等电点偏碱。

2. 蛋白质分子与酸作用

蛋白质分子对酸稳定，只有在酸浓度较高、温度较高、时间长或有盐等条件下才会发生水解反应，这时，蛋白质纤维有损伤、失重。在一般酸性条件下，蛋白质纤维稳定，能进行酸性条件染色、羊毛酸性炭化、丝的酸缩处理等加工。

3. 蛋白质分子与碱反应

蛋白质分子对碱敏感，碱可催化肽键发生水解、促使二硫键断裂再重新联接等一系列反应。碱对蛋白质分子的作用程度与碱的种类和浓度、温度、时间及共存盐的浓度都有关系。例如，NaOH对蛋白质的作用很剧烈，而Na_2CO_3之类的弱碱的作用缓和，对蛋白质纤维的损伤不明显，可用于处理蛋白质纤维。

羊毛和蚕丝纤维的蛋白质分子在 NaOH 溶液中的溶解很显著。在 1 mol/L NaOH 溶液中，桑蚕丝纤维在 70 ℃下处理 4 h，质量损失达 40％以上；羊毛在 100 ℃下处理 1 h，溶解率达 70％以上。受损伤的羊毛在碱液中的溶解量比正常羊毛大，根据溶解量可评定羊毛的损伤程度。

采用浓 NaOH 短时间处理羊毛纱，会发生羊毛纱强力增大现象，这可能与浓碱在短时间内只作用于纤维表面鳞片的蛋白质分子，以及二硫键断裂后同时又形成新的交联键有关。

4. 蛋白质分子与还原剂作用

蛋白质分子比较特殊，与还原剂会发生反应，因它含有可还原性基团。例如二硫键（胱氨酸侧基）是与还原剂作用的敏感基团，在蚕丝蛋白纤维中含量较少，因而蚕丝对还原剂稳定；但羊毛纤维的蛋白质分子含二硫键较多，与还原剂发生反应而断开，使纤维受损，这种反应可用于羊毛的改性。

5. 蛋白质分子与氧化剂反应

蛋白质分子与氧化剂作用取决于氧化剂的强度。强氧化剂如高锰酸钾（$KMnO_4$）在高温下能使蛋白质分子链完全氧化、分解成小分子。次氯酸盐、过氧化氢（H_2O_2）等中强氧化剂对蛋白质分子的氧化作用视条件而定，控制氧化剂的浓度、温度、时间、pH 值、催化性金属离子，使氧化反应不显著，纤维性能就能保持。因此，可用 NaClO 剥蚀羊毛鳞片，进行防毡缩整理；可用过氧化氢漂白羊毛和蚕丝纤维。不过，含氯氧化剂在氧化蛋白质分子的过程中易生成氯胺化合物，从而使蛋白质纤维泛黄。

氧化反应比较复杂，蛋白质分子的某些基团如硫基、二硫键、咪唑基等易氧化，是氧化剂作用的敏感部位。

6. 蛋白质分子与其他物质作用

蛋白质分子与水在长时间的高温条件下可发生水解作用，这时羊毛分子中的二硫键能水解断开和再联接。

盐水溶液可促进蛋白质纤维溶胀或溶解。蚕丝纤维在浓的 $CaCl_2$、$Ca(NO_3)_2$ 条件下处理会发生急剧收缩，在碱式 $ZnCl_2$ 等溶液中可以溶解。其作用原理是蚕丝蛋白质分子中的酪氨酸侧基与盐作用，盐破坏了酪氨酸中的羟基与其他基团形成的氢键，使蚕丝蛋白质分子有空间热运动的自由，最终形成无定形构象而发生收缩，或在盐溶液中溶解。

蛋白质分子上有许多反应活性基团，如羟基、酚羟基、羧基和氨基等，可发生甲醛化、酰基化、烷基化等化学反应，因此蛋白质纤维的改性途径较多。

（三）蛋白质纤维的物理结构

蛋白质纤维来源不同，其物理结构完全不同，这里仅讨论羊毛纤维和蚕丝纤维。

1. 羊毛纤维的物理结构

由于羊毛分子链二级结构在空间呈 α-螺旋构象，因此羊毛纤维的超分子结构比较特别，是在 α-螺旋分子链基础上形成的旋绕结构，如图 1-7 所

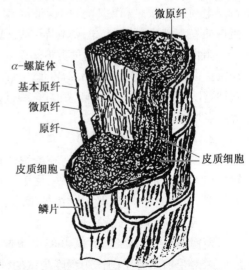

图 1-7　羊毛的超分子结构

（图中标注：微原纤、α-螺旋体、基本原纤、微原纤、原纤、皮质细胞、皮质细胞、鳞片）

示。三根或多根 α-螺旋分子链旋绕形成基原纤结构,分子链间由交联键固定,数根基原纤规整排列形成微原纤结构,微原纤又排列组成原纤,原纤再组成皮质细胞,羊毛基质填充原纤间隙。

羊毛纤维的分子结构和超分子结构赋予羊毛优良的形变回复性和弹性。当羊毛的拉伸程度不大即伸长率小于 20% 时,只有无定形区的 α-螺旋分子链被拉伸,这种形变容易回复;伸长率大于 20% 或更高时,晶区的 α-螺旋分子链构象逐渐转变为 β-伸直链构象而固定。

在高伸长率的拉伸过程中,伴有热水或蒸汽作用时,羊毛分子链在副键被伸展、拆散的过程中逐渐发生 α-螺旋链构象向 β-伸直链构象的转变。如果转变到新构象时停留的时间足够长,新构象分子链间的副键也建立起来,并且副键数量不比原构象少,羊毛形态就稳定在新构象状态。如果转变到新构象时停留的时间很短,新构象分子链间的副键几乎还没有建立,羊毛分子链无副键固定,而其具有热运动动能,这时羊毛分子链发生自由取向,朝纤维轴向的有序度降低,羊毛发生长度收缩。如果转变到新构象时停留的时间居中,新构象分子链间的副键也建立起来一部分,能相对稳定住新构象,但因副键数量不够多,达不到分子链的牢固绑定,在外界(如更高温的热水处理)条件下,容易发生副键散开,最终导致羊毛的宏观形态再次发生收缩。

羊毛的分子结构和超分子结构的上述变化原理用于羊毛定形。将受拉伸作用的羊毛放在热水或蒸汽中处理一段时间,处理时间为 1~2 h,取出后除去负荷,即使再放在蒸汽中处理,羊毛也稳定在新形态,仅稍微收缩,这种现象称为羊毛的永久定形或简称永定,用于羊毛织物的煮呢和蒸呢加工。若处理时间不到 1 h 即除去负荷,羊毛纤维的新形态能够暂时稳定,但当热水或蒸汽温度升高时,羊毛纤维会发生收缩,这种现象称为羊毛的暂时定形或暂定;若处理时间很短就除去负荷,任其在蒸汽中自由放置,则羊毛纤维会发生收缩,甚至只有原长的 2/3,这种现象称为羊毛过缩。

羊毛是多细胞纤维,形态结构非常丰富。羊毛纤维从内到外可分为三个部分:髓质层、皮质层和鳞片层。粗羊毛中这三层结构都具备,细羊毛只有皮质层和鳞片层,无髓质层。羊毛的鳞片层由片状角质细胞形成,像鱼鳞或瓦片那样覆盖在羊毛纤维的主干表面,鳞片的根部植于毛干,梢部指向毛尖,胞间质紧紧黏结鳞片,鳞片表层的蛋白质分子链由二硫键相互交联。

皮质层是羊毛纤维主体,由纺锤形细胞形成。在形成毛干时,纺锤形细胞分为两种:O 皮质细胞和 P 皮质细胞。两种细胞的蛋白质分子组成和分布不同,分别分布于羊毛主干的两个半面,形成双边异构现象,相互缠绕,导致羊毛纤维轴向卷曲,O 皮质细胞在卷曲外侧,P 皮质细胞在卷曲内侧。髓质层由结构疏松的薄膜细胞构成,细胞之间联系弱,对羊毛弹性和强力有影响。

羊毛的原毛含杂量高、成分多。原毛杂质主要有羊毛脂、羊毛汗、泥沙、矿物质、草籽、草屑等。原毛除杂后,净毛率只有 40%~70%。原毛必须在洗毛加工或除草杂后才能进行毛纺织加工。羊毛表面的鳞片层结构比较致密且有微小凹凸,使得羊毛对水的润湿接触角大,不容易进行染化处理,因而羊毛染色须沸染,羊毛制品的服用性能受其影响也比较大。

2. 蚕丝纤维的物理结构

蚕丝纤维的物理结构与羊毛完全不同。蚕吐丝时,蛋白质分子受到强烈的拉伸和挤压。蚕丝的超分子结构如图 1-8 所示,蛋白质分子链以 β-伸直链构象为主进行排列,取向度高。蚕丝的超分子结构可用缨状原纤模型描述,由于蛋白质分子链排列伸直,并且不像羊毛那样有二硫交键,因此,蚕丝纤维的断裂强度比羊毛高,但弹性比羊毛差。

蚕丝的形态结构因来源不同而有些区别。这里主要对家蚕丝做介绍，家蚕由人工饲养在室内，以桑树叶为食，因此，吐出的丝又称为桑蚕丝。蚕吐丝时，由蚕腹部两侧的腺体分泌两股液体，到吐丝口吐出时固化成一根丝。

桑蚕丝的横截面如图 1-9 所示，单丝实际上由两个部分组成：里层丝素和外围丝胶。丝素两根，横截面呈三角形，三个角均圆钝。脱胶后，一根丝变成两根丝素丝，丝素丝纵向光滑、均匀。

茧丝的形态结构也比较丰富。丝胶的构造有四个层次，从外到内分别为Ⅰ、Ⅱ、Ⅲ和Ⅳ层。Ⅰ、Ⅱ层的丝胶蛋白质的溶解性较好，因为亲水基团多，并且蛋白质分子链多以不规则卷曲状态排列；Ⅲ和Ⅳ层的蛋白质分子的亲水基团变少，并且多以β-伸直链取向排列，越向内层越类似丝素，水中的溶解性变差。

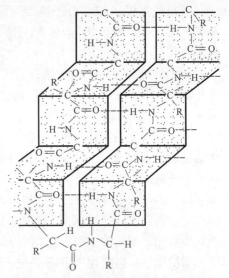

图 1-8　桑蚕丝的蛋白质分子链构象和链间作用

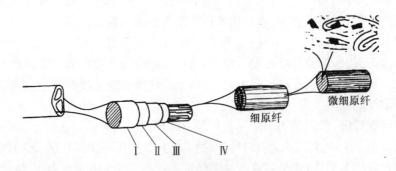

图 1-9　桑蚕丝的物理形态结构图

丝素由原纤为基础组成，微原纤组成细原纤，细原纤再构成丝素纤维。丝素原纤结构是桑蚕丝表面产生茸毛的原因。

桑蚕丝的组成成分中，丝胶及一些杂质对蚕丝织物的染整及服用性能有影响，特别是绢纺原料所带的杂质多，绢丝原料和蚕丝织物都要进行除油和脱胶处理。

第三节　化学纤维结构与主要化学性能

一、涤纶纤维

涤纶（聚对苯二甲酸乙二酯）纤维的分子结构式为：

$$HO-CH_2-CH_2-O \left[\begin{array}{c} O \\ \| \\ C \end{array} - \bigcirc - \begin{array}{c} O \\ \| \\ C \end{array} -O-CH_2-CH_2-O \right]_n H$$

涤纶纤维中,聚对苯二甲酸乙二酯的相对分子质量约为 18 000～25 000,但夹有一些低相对分子质量的聚合物。

从分子结构式可以看出,涤纶纤维中弱极性的酯基多,表现为吸湿性差,其强度在干、湿状态下差别不大,易产生静电。由于极性基团少以及纤维结构紧密、难以溶胀,涤纶纤维染色困难。分子结构式表明涤纶高分子为线性分子链,链上的—O—键具有弯曲折叠性,从而使分子链具有柔性,而对苯二甲酰基为平面结构,涤纶分子链容易形成紧密堆砌,分子间作用强而结晶。

涤纶分子链的化学性质主要由酯基决定,在强酸、强碱性溶液中,酯基会发生水解反应,导致分子链断裂:

$$-\overset{\displaystyle O}{\underset{\displaystyle \|}{\text{C}}}-O-CH_2-CH_2-\ +H_2O \longrightarrow -\overset{\displaystyle O}{\underset{\displaystyle \|}{\text{C}}}\overset{\displaystyle}{\underset{\displaystyle OH}{}}\ +HO-CH_2-CH_2-$$

OH^-、H^+ 都能起催化酯键水解的作用,但 OH^- 的催化作用比 H^+ 剧烈得多。在 60 ℃下于 70% H_2SO_4 中处理 72 h,涤纶纤维的强度几乎不变,温度提高后,强度有所下降,说明 H^+ 催化水解的能力较弱,涤纶纤维的耐酸性较好。

在碱性条件下,酯的水解反应向右进行可完全反应,由于水解生成的—COOH 在碱性溶液中变成羧酸钠,水解反应平衡因而向右移动,水解反应不断发生。在浓碱液或高温条件下,涤纶分子水解剧烈,纤维溶解多;但在稀碱液和温和条件下,涤纶分子水解不明显。

涤纶分子的碱性水解现象被用于涤纶织物的碱减量整理加工,由于涤纶纤维结构紧密,且不易溶胀,碱液只能接触涤纶纤维表面层的分子,故涤纶纤维在碱溶液中水解称为涤纶碱剥皮现象。首先是纤维表层分子水解、溶解,露出新的表面,然后新表面接触碱液,再水解、溶解,纤维表层被逐渐剥去,而里层分子几乎不受影响。纤维在剥皮过程中逐渐变细,减量失重到一定程度,制成织物则具有仿真丝整理效果。

涤纶分子对氧化剂、还原剂的耐受性比较好,对常用的织物漂白用氧化剂、还原剂不敏感。合成纤维中,涤纶属于化学性质稳定的一类。

二、锦纶纤维

锦纶是聚酰胺纤维,也称为尼龙。其化学元素组成是 C、H、O、N 四元素,主链上的酰胺键是其特征结构。根据合成时单体来源、种类不同,锦纶纤维品种多样,如锦纶 6、锦纶 66、锦纶 610、锦纶 1010 等,其中数字标号分别表示结构单元中二胺和二酸所含的碳原子数。锦纶 6 和锦纶 66 纤维在工业上的应用量最大。

锦纶 6 由己内酰胺开环聚合而成,相对分子质量约为 16 000～22 000,分子式为:

$$H\text{—}[HN(CH_2)_5CO]_n OH$$

锦纶 66 由己二胺和己二酸缩聚而成,相对分子质量约为 14 000～18 000,分子式为:

$$H\text{—}[HN(CH_2)_6NHCO(CH_2)_4CO]_n OH$$

锦纶的化学性质比较稳定,在酰胺键和分子两端的基团上发生化学反应。在通常温度范围内,水对锦纶没有什么影响。在碱性条件下,锦纶分子水解不严重,纤维耐碱性较好;稀酸对锦纶损伤不严重,但在浓 HCl 溶液中,锦纶分子水解而溶解,锦纶纤维强度下降。

锦纶分子对氧化剂敏感,接触氧化剂时发生氧化降解,纤维强度受损。氧化降解会发生在酰胺键旁的 α-H 上,纤维中的消光剂是光敏催化剂,会加速降解发生。锦纶纤维漂白可用还原剂、或温和的氧化剂,如亚氯酸钠、过醋酸等。

锦纶分子中含大量极性酰胺键,其吸湿性在合成纤维中仅次于维纶,在 RH 65%、20 ℃下,锦纶 6 的回潮率为 4%。

锦纶染色比涤纶容易,由于锦纶分子中多—NHCO—、—NH$_2$ 和—COOH,可在酸性条件下用酸性染料染色,在碱性条件下用阳离子染料染色;由于锦纶分子的非极性碳链部分比例大,还可用分散染料染色。

锦纶分子结构中的亚胺基、胺基容易进行接枝或交联反应,可用来对纤维进行改性,如改善纤维的亲水性、防熔洞性。

三、腈纶纤维

腈纶属于聚丙烯腈纤维。腈纶的分子结构不像涤纶、锦纶那样比较简单而有规律,严格来说属于无规共聚链结构。为了具备染色性和一些使用性能,合成腈纶时一般用三种单体,其中,主要单体丙烯腈占 85% 左右,亦称为第一单体;丙烯酸甲酯、醋酸乙烯酯等单体称为第二单体,通过共聚进入分子以改善纤维的超分子结构,使链节规律性下降以防止结晶度太高;含可电离酸基或碱基的单体(如丙烯酸、丙烯磺酸钠、2-乙烯吡啶等)为第三单体,通过共聚使纤维具有与染料发生结合的部位。

腈纶的第二、第三单体种类不同,纤维的分子结构就不同,虽然量少,但纤维的化学和物理性质都有大的不同。无规共聚是指三种单体在分子链上的排列为随机分布,由丙烯腈、丙烯酸甲酯、丙烯酸三种单体共聚而成的腈纶的分子结构式如下:

$$-CH_2-CH-CH_2-CH-CH_2-CH-$$
$$\quad\ \ | \qquad\qquad\quad | \qquad\qquad | $$
$$\quad\ \ CN \qquad\quad COOCH_3 \quad COOH$$

第一单体	第二单体	第三单体
(约85%)	(5%~10%)	(1%~3%)

腈纶的分子主链为全碳元素链,化学性能稳定;侧基是氰基(—CN)和其他基团,具有化学反应活性。腈纶的耐酸能力强,对弱碱不敏感,但在高温强碱溶液中,氰基因 OH$^-$ 催化而水解严重,导致腈纶纤维发黄、溶解、失重:

$$-CH_2-CH + H_2O \xrightarrow{OH^-} -CH_2-CH \xrightarrow{OH^-} -CH_2-CH + NH_3$$

上述氰基水解分成两步:先水解生成酰胺键,然后转化成羧酸基,从而使腈纶具有水溶性;水解形成的氨分子(NH$_3$)与未水解的—CN 反应能生成脒基,脒基则使纤维产生黄色。

腈纶对常用的漂白型氧化剂不敏感,H$_2$O$_2$、NaClO$_2$ 可漂白腈纶纤维;与常用还原剂也难反应,NaHSO$_3$、Na$_2$SO$_3$、保险粉可还原漂白腈纶纤维。

腈纶在 200 ℃以上进行热处理时,能发生重排环化一系列反应,形成碳纤维。

四、化学纤维的物理结构

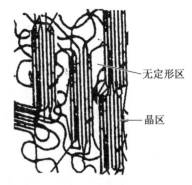

化学纤维的物理结构比天然纤维简单。化学纤维的超分子结构模型是在棉纤维的缨状原纤模型的基础上衍生而成的,如图 1-10 所示。涤纶、锦纶的分子链结构比较柔顺,分子链能弯曲折叠,折叠状态的分子链整齐排列形成结晶,因此,涤纶、锦纶纤维内部的结晶区由分子伸直链和折叠链构成。

化学纤维的形态结构不是由自然界的生物形成,因而不复杂。它们的形态结构取决于纺丝过程,由纺丝方法、喷丝口形状和拉伸倍数决定。

图 1-10　折叠链缨状原纤模型

由熔体纺丝法形成的化学纤维因为在空气中冷却成形,纵向外观比较光滑圆润,内部层次不明显。成纤聚合物在高温熔融状态下被挤出喷丝口,经冷空气冷却,形成初生丝条;初生丝条在冷却过程中被纵向拉伸约 25 倍,经给油装置、导丝盘后绕到筒管上;筒管丝束再进一步做热拉伸、变形等处理。纤维的横截面形状由纺丝时喷丝口形状决定,如喷丝口为圆形,则纤维也为圆形;若喷丝口为三角形、星形等异形形状,则纤维横截面也为相应的异形态。

由溶液纺丝形成的化学纤维,纵向不光滑,像树皮皱纹状;横截面也不规则,很难像熔体纺丝那样得到预定的横截面形态,并具有皮芯结构。

溶液纺丝的成纤聚合物在温度很高时才会熔化,不稳定,只能用溶剂溶解后进行纺丝。溶液纺丝时,聚合物溶液经喷丝口喷出,进入凝固浴,然后溶剂渗出,聚合物收缩,凝固成丝条。凝固过程或后续导丝过程中,将丝条拉伸而加以增强。凝固时聚合物收缩率达 75%,导致纤维表面起皱、横截面不规则。凝固成纤时,聚合物溶液的外层溶剂先溶出凝固,初成形的纤维表层结构妨碍内层溶剂溶出,从而产生皮芯结构,例如黏胶纤维。

复习要点:

1. 纤维内部结构组成概念和纤维的结构单元。
2. 常用纤维的高分子构成和化学性质及其与染整加工的关系。
3. 纤维超分子结构的模型以及相关的概念如结晶度、取向度、无定形区域及其特点。
4. 常用化学纤维的结构特征及其与天然纤维的不同特点。

思考题:

1. 纤维内部结构层次有哪些描述?棉和麻纤维的分子结构单元是否相同?它们的超分子结构和形态结构有何异同?
2. 描述纤维发生异向溶胀的现象,并解释其产生原因。
3. 纤维的染化性能主要由哪些因素决定?物理结构如何影响纤维染化性能?棉、麻、黏胶都是纤维素纤维,它们吸收染料的速率为什么不同?
4. 为什么纤维素纤维的耐酸性与其耐碱性相比差别较大?纤维素纤维在酸性条件下处

理要注意什么?

5. 棉织物在浓碱溶液中不施加张力进行处理会发生显著收缩的原因是什么?

6. 什么是蛋白质纤维的等电点? 羊毛在 pH=2 的溶液中带什么电荷,在 pH=10 的溶液中带什么电荷?

7. 蛋白质纤维的耐酸性为什么比耐碱性好? 还原剂对羊毛有损伤作用的原因是什么?

8. 羊毛在湿热条件下具有可塑性的原因是什么?

9. 描述涤纶纤维在氢氧化钠溶液中发生水解的现象,并解释其作用机理。

10. 简述腈纶的分子链结构的基本组成成分及其对腈纶纤维性能的影响。

11. 腈纶易产生热收缩的原因是什么? 查阅文献说明腈纶膨体纱、高收缩纤维的制作原理。

12. 通过桔瓣形涤、锦复合,经碱液处理可制取超细纤维,试解释其作用原理。

第二章 纺织品印染前处理

本章导读:坯布染色前的处理是对坯布进行净化的过程,目的是使坯布在染整时质量匀整。前处理工序的原理、方法、流程及设备处理方式都是工艺流程的重点,坯布处理工艺要考虑纤维的性能、所带杂质的组分、成型织物组织结构。

纤维经纺、织形成的织物(坯布)含有天然纤维在生长过程中的伴生物(如半纤维素、果胶等)、织造过程中施加的浆用材料、化纤生产中使用的油剂及纺织加工中沾上的污垢等杂质。只有少数坯布直接供应市场,绝大多数纺织品要经过染色、印花、整理等加工,以制得符合服装用或家用装饰需要的、绚丽多彩的成品布。坯布因各种杂质的存在,不但色泽欠白、手感粗糙,而且染色性很差。要将坯布变成洁白、柔软的漂白布或色泽坚牢的花色布,必须经过前处理(简称为练漂)。前处理就是去除坯布上的各种杂质,提高其白度和润湿渗透性,使织物表面变得干净、光滑、匀整,为后续加工提供合格的半制品,并满足最终的服用要求。本章主要讨论这方面的知识。

纺织品染整是在水溶液条件下进行染色、印花或功能整理,使用水和表面活性剂不可避免。纺织品染整对水质有要求,不能随便取用,某些工序要用纯净度高的水。表面活性剂能帮助染色整理液均匀润湿、快速渗透织物,能乳化油剂、分散染料,能起抗静电、抗菌等作用,在染整加工中不可缺少。对水和表面活性剂的性质有所认识,是学习纺织品整理加工知识的基础。

第一节 染整用水与表面活性助剂

一、染整用水

自然界的水中含有悬浮性杂质(可视见)和溶解性杂质(不可视见),悬浮性杂质有泥沙、微生物、极小胶粒等,通过静置、过滤、加絮凝剂等方式除去,处理较为方便;溶解性杂质主要是溶解在水中的一些矿物离子,有 Ca^{2+}、Mg^{2+}、K^+、Na^+、Cl^-、SO_4^{2-}、HCO_3^- 等。

溶解性杂质中,容易与阴离子结合形成沉淀的高价金属阳离子构成水的硬度。即水中除钾、钠外,几乎其他金属离子对水的硬度都有贡献。由于天然水中 Ca^{2+}、Mg^{2+} 的含量远比其他高价金属离子(如 Fe^{2+}、Mn^{2+}、Zn^{2+})的含量高,因此,水的硬度取决于 Ca^{2+}、Mg^{2+} 的含量。

国内,水的硬度通常以一百万份水中所含的钙、镁盐的份数表示,钙、镁盐含量都换算成碳酸钙,单位为 mg/L,生产中通常也用 ppm(10^{-6})表示。

根据水的硬度值,水分为硬水和软水,见表 2-1。

表 2-1　硬水和软水的划分表

水质	以 $CaCO_3$ 计(ppm)	水质	以 $CaCO_3$ 计(ppm)
极软水	0~15	硬水	100~200
软水	15~50	极硬水	>200
略硬水	50~100	—	—

染整加工或锅炉用硬水,都会产生水垢之类的不良后果。例如,肥皂的分子为脂肪链羧酸盐,硬水中钙、镁离子多,会形成钙、镁皂沉淀而影响染整效果。硬水中若铁、锰离子的含量高,在织物漂白过程中会促使过氧化氢分解,导致纤维脆损、织物破洞。

$$2C_{17}H_{35}COO^- + Ca^{2+} \longrightarrow (C_{17}H_{35}COO)_2Ca \downarrow$$

硬水不符合染整加工的要求,需要加以处理,称为水的软化。水软化处理的流程如下:

$$天然水源 \xrightarrow{混凝、过滤} 清水 \xrightarrow{软化处理} 软水$$

日常生活用的自然水仅经过第一步处理,属于清水,可用于洗涤过程等对水质要求不高的染整工序。而配制练漂用剂或染色液时,需用软水。工厂中水的软化方法主要有石灰-纯碱沉淀法、离子交换树脂法和螯合剂法。

二、表面活性助剂

表面活性助剂是一类结构特别的化学物质,在水中少量加入即能大大降低溶液的表面张力,改变体系界面状态,从而产生一系列可应用的性质,根据功能应用分别称为润湿剂、渗透剂、乳化剂、抗静电剂、发泡剂、分散剂、增溶剂、匀染剂、柔软剂、净洗剂等。纺织工业从纤维前处理到织物后整理,几乎每个加工环节都使用表面活性助剂,因此,对纺织加工来说,表面活性助剂是一类重要的化合物。

表面活性助剂有数千余种,采用国际标准组织(ISO)按离子的类型分类。表面活性助剂即表面活性剂,在水中凡能电离生成离子的为离子型表面活性剂,不能电离的就叫非离子型表面活性剂。离子型表面活性剂再按电离后起表面活性作用部分是带正电荷还是负电荷,分为阴离子表面活性剂、阳离子表面活性剂、两性表面活性剂等,见图 2-1。

表面活性助剂的作用与它的两个最基本的性质相关:一

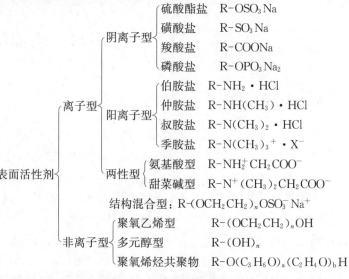

图 2-1　表面活性剂分类

是降低表面张力的性质,例如润湿、渗透作用就是液体表面张力下降易铺展的典型;二是成胶束作用,溶液中表面活性剂形成胶束,创造了微观的二相环境,使表面活性剂有乳化、增溶等作用。

由于表面活性剂的两亲结构及带电荷吸附性,常常用作抗静电剂和抗菌剂。做抗静电剂用时,表面活性剂能吸附在固体表面,亲水基团朝外吸收空气中的水分,离子型表面活性剂还能电离导电。做抗菌剂用时,主要是阳离子表面活性剂,其带正电荷的两亲特殊结构使它能与细菌的细胞膜黏附从而杀死细菌,相关内容可参考织物功能整理部分。

第二节　纺织品印染前处理

由于纺织纤维的种类繁多,结构、性能各异,因此,前处理工序有所不同。这里主要介绍棉型织物的前处理原理与过程。天然棉纤维中,除主要成分即纤维素外,还含有果胶物质、蜡状物质、色素等伴生物。一般情况下,棉纤维形成纺织品时不经过化学预加工。因此,棉织物必须进行前处理,以去除天然杂质及纺织加工过程中所加的浆料、助剂、所沾的灰尘等。

棉型织物的前处理工艺流程一般为:坯布准备→烧毛→退浆→煮练→漂白→丝光。

一、坯布准备

棉坯布准备包括检验、翻布(分批、分箱)、打印和缝头等工序。

坯布在进行练漂加工之前,都要经过检验,发现问题及时采取措施,以保证质量和避免不必要的损失。由于坯布的数量很大,通常只抽查 10%。检验的内容为原布的规格和品质。规格检验包括原布的长度、幅宽、质量、经纬纱细度和密度、强力等指标;品质检验包括纺织过程中形成的疵病,如缺经、断纬、跳纱、棉结、油污纱、筘路等。不同原布的检验要求不一样,一般对漂白布的油污、色布的棉结、筘条和密路要求严格,而对印花布,由于其具有花纹视觉效果,外观疵病要求相对低一些。

检验后,对坯布进行翻布(分批、分箱)。染整厂的生产特点是大批量、多品种,将以相同工艺加工的同规格原布划为一类,并按照织物情况和后加工要求加以分批、分箱。如后续加工中采用间歇煮布锅煮练,以煮布锅的容量为依据;若采用连续练漂加工,则常以堆布池的容量为准。为了在加工中便于输送布匹,每批布又分成若干箱,分箱原则按布箱容量、原布组织和有利于运送而定,一般为 60～80 匹。操作时将布匹翻摆在堆布板上,正反一致,拉出布头(要求布边整齐),每箱布上都附有一张卡片,称为分箱卡,注明批号、箱号、原布品种等,以便管理和检查。

翻布后,在每箱布的两头都要印上品种、加工工艺、批号、箱号、发布日期、翻布人代号等。这是为了在加工不同品种的布匹时便于识别和管理,不致搞错。一般打印在离布头 10～20 cm的地方,打印用的印油必须耐酸碱、漂白剂等化学药品的作用,而且快干。目前印油多用红车油和碳粉,按(5～10)∶1 的比例充分拌匀、加热调制而成。

由于染整厂的加工属于连续式加工,而坯布在纺织厂下机后的长度一般为30～120 m,因此必须把布匹的头尾按顺序缝接起来,即为缝头。缝头常用的方法有环缝和平缝两种,采用环缝式较优。

二、烧毛

原布表面有不少长短不一、由纤维端头形成的绒毛。布面的绒毛过多,成品的光洁度差,容易沾染尘污,而且在印染加工中易引起一些疵病,因此原布在染整加工开始前要进行烧毛。

织物的烧毛原理是平幅织物在迅速通过火焰或擦过炽热的金属表面时,布面的绒毛竖立,升温很快而燃烧;而布身比较紧密,热容量大,升温较慢,在温度未升到着火点就已离开火焰或炽热的金属表面,从而在不损伤织物的情况下将绒毛除去,使布面光洁。

烧毛处理在烧毛机上进行,烧毛机有气体烧毛机、圆筒烧毛机、铜板烧毛机等形式。

烧毛前,先将织物通过刷毛箱,箱中装有数对与织物逆向转动的刷毛辊,以刷去布面的纱头、杂物和灰尘,使织物表面的绒毛竖立而利于烧毛。织物烧毛后立即通过灭火槽或灭火箱,将残留的火星熄灭。灭火槽内有轧液辊一对,槽内盛有热水或退浆液(酶液或稀碱液),织物通过时火星即熄灭。灭火箱以水蒸气喷雾的方式灭火星。

生产中一般用气体烧毛机(图 2-2)。原布以平幅状迅速通过可燃气体火口,以烧去布面的绒毛。火口排列数为 2~6 个,单层单幅织物正反面经过火口的次数随织物品种、烧毛要求和火口烧毛效率而定。可燃气体主要有煤气、液化石油气、汽油气等。燃烧气体与空气按适当比例混合后进入火口,正常燃烧火焰呈光亮有力的淡蓝色。根据织物品种和加工要求,车速一般为 80~150 m/min。气体烧毛机设备结构简单、操作方便,劳动强度低,热能利用比较充分,烧毛质量较好,品种适用性广。

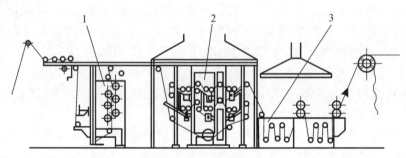

1—刷毛箱;2—烧毛火口;3—灭火槽

图 2-2 气体烧毛机

烧毛质量评定分 5 级制。1 级为未烧毛坯布,2 级烧毛织物长绒毛较少,3 级烧毛织物基本上没有长毛,4 级烧毛织物仅有较整齐的短毛,5 级烧毛织物毛全烧净。一般织物达 3~4 级即可,质量要求高的织物达 4~5 级,稀薄织物达到 3 级即可。另外,烧毛必须均匀,否则染色、印花会产生色泽不匀。

三、退浆

坯布上的经纱含 5%~18% 的浆料。经纱上有天然浆料、变性浆料和合成浆料,天然浆料主要是淀粉及一些天然胶类物质,合成浆料则有聚乙烯醇(PVA)、聚丙烯酸酯类等。棉织物一般用淀粉或变性淀粉浆料或与聚乙烯醇和聚丙烯酸(酯)浆料混合上浆。浆液中还加有平滑剂、柔软剂、防腐剂等。

经纱上浆对织造有利,对染整加工则是麻烦,因为浆料不仅会沾污染液,甚至会阻碍染化料与纤维接触,使加工过程困难。为此,织物一般都要经过退浆处理。退浆的要求可视品种不同而有一定的变化,例如用于染色、印花的品种,退浆要尽,而对漂白织物来说,退浆要求可稍低一些。

碱、酸、酶及氧化剂都可退浆。在实际生产中,碱、酶法退浆使用较多。织物退浆后,必须及时以热水洗净,否则退浆杂物会重新凝结到织物上,妨碍染色、印花。

(一) 碱退浆

碱退浆系用氢氧化钠溶液退浆。碱有退浆作用,是因为不论是天然浆料还是化学浆料,在热碱作用下都会溶胀,从凝胶状态转变为溶胶状态,与纤维的黏着变松。一些浆料在热碱中溶解。因此,经碱处理后浆料容易从织物上洗下。

棉织物碱退浆工艺流程为:织物在烧毛机的灭火槽中以平幅状浸轧温度为 60～90 ℃、浓度为 2～4 g/L 的烧碱溶液→再浸轧 4～10 g/L、温度为 50～70 ℃的烧碱溶液→通过自动堆布器堆入积布池,堆置 6～12 h→经绳状水洗机水洗。

碱退浆可利用丝光或煮练后的废碱液,退浆成本低。碱退浆对棉纤维上的天然杂质也有分解和去除作用,因而可减轻碱煮练的负担。由于碱退浆时浆料分子不产生化学降解,水洗槽中水溶液的黏度较大,浆料易重新沾污织物,因此退浆水洗的用水量大。一般碱退浆率为 50%～70%,余下的浆料可在后续的碱精练工序中去除。

(二) 酸退浆

酸在适宜的条件下能够水解淀粉浆料,而对纤维素分子的损伤小,例如稀硫酸退浆。但稀硫酸对 PVA、丙烯酸酯浆料无分解退浆作用。酸退浆很少单独使用,而是与其他方法联合使用,如碱-酸退浆或酶-酸退浆。

酸退浆工艺流程一般为:将经过碱或酶退浆且充分水洗、脱水的湿棉布,在稀硫酸溶液(4～6 g/L,40～50 ℃)中浸轧,堆置 45～60 min,最后进行充分水洗。

碱-酸退浆或酶-酸退浆除了具有良好的退浆作用外,还能使棉籽壳膨化,去除部分矿物质,提高织物的白度和柔软度。

(三) 酶退浆

生物酶是有特定催化作用的物质。酶退浆采用对淀粉的分解有催化作用的酶(淀粉酶)。淀粉酶主要有以下类型:

一种是 α-淀粉酶,也称液化酶或糊精化酶,它对淀粉分子链中 α-苷键的水解有催化作用,无一定作用点,与酸的水解作用相似;另一种是 β-淀粉酶,也称糖化酶,只能从淀粉分子链末端逐步水解出麦芽糖;还有对支链淀粉分枝处的 1,6-α-苷键有水解作用的歧化酶。由此可见,α-淀粉酶更适用于织物的退浆。

淀粉酶能引起淀粉浆料迅速降解,退浆率很高,适用于以淀粉为主浆料的棉织物退浆。

淀粉酶的活性或活力(催化反应)与工艺条件(如 pH 值、温度、活化剂或阻化剂)有很大关系。企业中常用的 BF-7658 酶(细菌淀粉酶,由枯草杆菌产生)的退浆工艺流程为:织物浸轧65～75 ℃热水→浸轧或喷酶液(酶液组成包括 2 000 活力单位淀粉酶 1～2 g/L、食盐 2～5 g/L、渗透剂 1～2 g/L,pH 值为 6～7,温度为 55～60 ℃)→45～50 ℃下堆置 2～4 h,或堆置 20 min 后在 100～105 ℃下汽蒸 1～5 min,或堆置 20 min 后在 95～98 ℃热水浴中水洗 20～30 min。生产中可以采用冷轧堆退浆工艺。

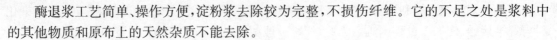
酶退浆工艺简单、操作方便，淀粉浆去除较为完整，不损伤纤维。它的不足之处是浆料中的其他物质和原布上的天然杂质不能去除。

（四）氧化剂退浆

氧化剂对淀粉、合成浆料等有氧化、降解直至分子链断裂的作用，溶解、水洗容易。采用氧化剂进行退浆的方法，在生产中没有得到广泛的应用。但随着合成纤维和化学浆料的使用日益增多，氧化剂退浆法逐渐受到重视。例如用于含涤织物退浆的氧化剂有次氯酸盐、过硫酸盐、过醋酸、过氧化氢、亚溴酸盐等。

氧化剂退浆速率快、效率高，织物白度高、手感柔软。它的缺点是在去除浆料的同时会使纤维分子如纤维素氧化降解，损伤棉纤维。因此，采用氧化剂退浆工艺要严格控制。

四、精练

棉织物经过退浆后，天然杂质如蜡状物质、果胶物质、含氮物质、棉籽壳及部分油剂和少量浆料等还在织物上，棉织物布面显黄、渗透性差，还不能进行染色、印花加工。为了使棉织物具有吸水性，有利于染料的吸附、扩散，退浆后还要经过精练（也称煮练）工序，以去除天然杂质。

棉织物煮练效果可用毛细管效应衡量，将棉织物一端垂直浸在水中，测量 30 min 内水上升的高度，一般要求达到 8～10 cm。

（一）精练原理

棉纤维中的天然杂质主要是棉纤维的伴生物和棉籽壳。棉纤维的伴生物主要有果胶物质、含氮物质、蜡状物质、灰分、色素等。棉籽壳的化学组成是木质素、单宁、纤维素、半纤维素及其他多糖类，还有极少量的蛋白质、油脂和矿物质，以木质素为主要成分。

根据棉纤维中天然杂质的组成，棉织物煮练以氢氧化钠（烧碱）为主煮练剂。

果胶物质在适当温度的烧碱液中，酯键水解，变成羧酸钠盐，在水中的溶解度提高而被去除。含氮物质中的肽键水解，蛋白质降解为氨基酸小分子，变为钠盐，溶于水而被去除。水溶性的无机盐类能在精练液中去除，不溶的经过酸洗溶解、再经水洗而去除。蜡质中的脂肪酸类物质在碱液中皂化，转化成乳化剂，不易皂化的蜡质通过乳化去除。

棉籽壳的主要成分木质素，在碱煮过程中分子结构部分分解。另外，由于精练液中有亚硫酸氢钠，能使木质素形成易溶于碱的木质素衍生物，有利于溶解。在高温碱液的长时间作用下，棉籽壳发生溶胀，变得松软，由于部分成分已被溶去，残存部分经水洗和搓擦，棉籽壳便从织物上脱落除去。

（二）精练工艺参数确定

影响精练效果的主要工艺参数有氢氧化钠溶液浓度、精练温度和时间及助练剂的选用等。

1. 氢氧化钠溶液浓度

精练过程中氢氧化钠溶液浓度主要根据棉纤维本身的吸附碱量、棉纤维中杂质消耗的碱量及蛋白质分解产物的耗碱量确定。一般棉布精练时，烧碱用量约为布重的 2.5%～4%。但为了获得比较满意的精练效果，根据生产经验，精练废液中烧碱的含量应不低于 2～3 g/L。

2. 精练温度和时间

在棉布精练中，常压汽蒸精练一般是在 100 ℃ 左右的温度下精练 1～2 h，煮布锅精练通常在 2 kg/cm² 的压强下精练 3～5 h。

棉纤维中的大部分杂质在常压下就能去除,而处理温度较高和处理时间较长对蜡质的去除有利。

3. 助练剂的选用

为了提高煮练效果,在精练液中需加入一定量的表面活性剂及亚硫酸钠、硅酸钠、磷酸钠等煮练助剂。表面活性剂起润湿、乳化和净洗等作用。精练中常用的表面活性剂有肥皂、烷基苯磺酸钠、烷基磺酸钠、平平加 O 或 TX-10 等。

亚硫酸氢钠有助于棉籽壳的去除,它能使木质素变成可溶性的木质素磺酸钠,这种作用对含杂质较多的低级棉的煮练尤为显著。另外,亚硫酸氢钠具有还原性,可以防止棉纤维在高温带碱情况下被空气氧化而损伤。在高温条件下,亚硫酸氢钠有一定漂白作用,可以提高棉织物的白度。

硅酸钠俗称水玻璃或泡花碱,具有吸附煮练液中的铁质和棉纤维杂质分解产物的能力,防止在棉织物上产生锈斑或杂质分解产物沉积,有助于提高棉织物的吸水性和白度。

磷酸钠具有软水作用,去除煮练液中的钙、镁离子,提高煮练效果,节省表面活性剂用量。

(三) 精练工艺与设备

在棉织物前处理工序中,精练设备比较典型,分煮布锅(间歇式)和连续汽蒸式两种。按布匹加工形式有绳状与平幅两种,按压力形式有常压和高温高压加工。下面就常用设备举例说明。

1. 煮布锅精练

煮布锅是一种间歇式煮练、高温高压设备,织物以绳状形式进行加工。

煮布锅以立式为多,由直立的钢质圆筒形锅身、加热器以及循环泵组成,如图 2-3 所示。

煮布锅内,上部有淋洒管,离锅底不远处装有假底。假底上堆上卵石,棉织物堆在卵石上,这样布匹就不会将假底上的小孔堵塞,便于碱液循环。假底下面装有直接蒸汽管,用于煮练开始时加热煮练液。锅身上有气压表、安全阀、排气管和液位指示计,下部有排液管。加热器上下端分别与锅身上下相通,内有数十根管子,管内通煮练液,管外通蒸汽加热。煮练液由锅身的下部通过循环泵被抽入加热器,经加热器后再经淋洒管喷入锅内,煮练过程中,煮练液就这样不断循环,达到均匀煮练去杂的目的。精练完毕,停止加热,放出废液,待锅内压力下降至接近零时排气,并放入清水淋洗。检验煮练是否完成,除严格按照工艺规定操作外,还可以测定锅内煮练残液的含碱量来加以判断,当测得含碱量为 2～3 g/L 且能稳定 1 h 左右,即可认为煮练完毕。

一般轻薄和中等厚度的棉织物,浸轧 10～15 g/L 烧碱溶液后置于煮布锅内,加入质量为织物质量 3%～4% 的烧碱、0.5%～0.75% 的肥皂或其他精练剂和

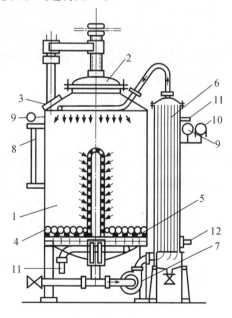

1—锅体;2—锅盖;3—喷液盘;
4—卵石;5—花铁板假底;6—列管式加热器;
7—离心泵;8—液位管;9—压力表;
10—安全阀;11—蒸汽进口;12—冷凝水出口

图 2-3　立式煮布锅

0.5%的水玻璃（密度为 1.4 g/cm³），排气1 h，在 0.196 MPa 的压力下（锅内温度为 120～130 ℃），练液循环煮练 3～6 h，然后分别进行热水洗和冷水洗。厚密的棉织物由于煮练不易匀透，必须适当增加烧碱和助剂用量，并延长煮练时间。

煮布锅的煮练去杂效果好，灵活性大，煮练匀透，特别对一些紧密织物，效果更为显著，至今棉织物煮练仍在使用。但此法为间歇式操作，劳动强度大，生产效率较常压绳状连续汽蒸煮练低。

2. 常压绳状连续汽蒸煮练

常压绳状连续汽蒸练漂机进行的是常压绳状连续汽蒸煮练。棉织物经过退浆后，双头绳状进入设备。由于此机的汽蒸容布器呈"J"形，故称为 J 形箱式绳状连续汽蒸练漂机。J 形箱体呈一定倾斜度，箱内衬不锈钢皮，使其具有良好的光滑度，加工最大特点是快速，车速常为 140 m/min，生产效率高。

常压绳状连续汽蒸煮练工艺流程为：轧碱→汽蒸→堆置→水洗（2～3 次）。退浆后的织物在绳状浸轧机上浸轧热碱液（烧碱 25～40 g/L，表面活性剂 3～4 g/L，轧液率 120%～130%，温度 70～80 ℃）；然后由管形加热器通入饱和蒸汽，再由小孔分散喷射到织物上，使织物的温度迅速升到 95～100 ℃；接着通过导布装置和摆布装置，织物均匀堆置于 J 形箱中，保温堆置 1～1.5 h，使杂质与烧碱充分作用，以达到除杂的目的。为了使煮练效果更为匀透，在水洗前可再进行一次轧碱和汽蒸。织物此时呈黄棕色，为了获得良好的精练效果，必须充分水洗，洗去这些杂质及剩余的烧碱。

由于织物以绳状进行加工，堆积于 J 形箱内沿内壁滑动时极易产生擦伤和折痕，因此卡其等厚重织物不宜采用此机。另外，稀薄织物也不宜采用，因为易产生纬斜和纬移。

为解决紧式加工所产生的纬缩、纬斜、纬移及擦伤等疵病，改进了张力装置，相应的低张力绳状连续汽蒸练漂设备适用于各种规格的棉织物的前处理。

3. 常压平幅汽蒸煮练

常压平幅汽蒸煮练工艺与常压绳状工艺基本相似，亦为：轧碱→汽蒸→堆置→水洗。

织物平幅轧碱后带液率较绳状低，所以烧碱浓度可提高，其碱液浓度一般为 25～50 g/L。常压平幅汽蒸煮练设备的类型较多，按汽蒸箱形式的不同，有 J 形箱（图 2-4）、履带式、轧卷式、叠卷式、翻板式和 R 形汽蒸箱等，其目的都是为了达到良好的精练效果，同时解决纬缩、纬斜、纬移及擦伤等疵病。

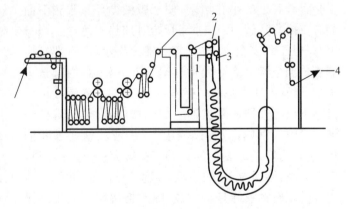

1—加热区；2—导布辊；3—摆布器；4—平幅布

图 2-4　常压平幅汽蒸煮练机

例如履带式汽蒸煮练，汽蒸箱有单层履带和多层履带两种。织物平幅轧碱，进入箱内，先经蒸汽预热，再经摆布装置疏松地堆置在多孔的不锈钢履带上，缓缓向前运行。与此同时，继续汽蒸加热。织物堆积的布层较薄，因此，横向折痕、所受张力和摩擦都比 J 形箱小。稀薄、厚重和紧密织物一般都采用该设备。

履带式汽蒸箱除采用多孔不锈钢板载运织物外,还可将导辊与履带组合起来,构成导辊-履带式汽蒸箱,箱体上方有若干对上下导布辊,下方有松式履带,箱底还可贮液,如图 2-5 所示。织物可单用导布辊(紧式加工)或单用履带(松式加工),也可导布辊和履带合用,所以该设备使用灵活。

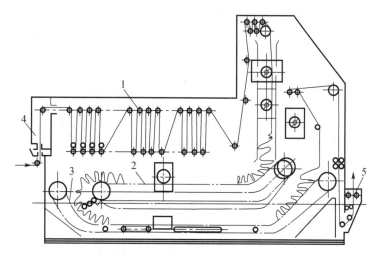

1—导辊;2—上层履带;3—下层履带;4—进布封口;5—出布口

图 2-5 导辊与履带组合汽蒸箱

4. 高温高压平幅连续汽蒸煮练

高温高压平幅连续汽蒸练漂机由浸轧、汽蒸和平洗三部分组成,它与常压连续汽蒸设备的不同之处在于汽蒸箱,汽蒸箱高温高压,进出布封口耐磨,以确保汽蒸箱的压力和温度,采用聚四氟乙烯树脂材料,如图 2-6 所示。

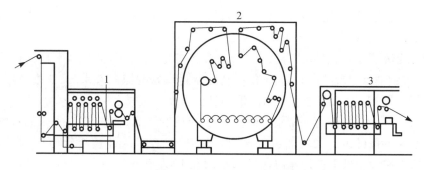

1—浸轧槽;2—高温高压汽蒸槽;3—平洗槽

图 2-6 高温高压平幅连续汽蒸练漂机

棉织物浸轧 50~90 g/L 的烧碱液,于 2 kg/cm² 压强、132~138 ℃ 温度下汽蒸 2~5 min,然后进行充分水洗。

高温高压平幅连续汽蒸煮练加工质量高,可用于一般厚织物,设备体积小,蒸汽消耗少,劳动强度低,是今后的发展方向。

其他设备有常压卷染机、高温高压大染缸、常压溢流染色机、高温高压溢流喷射染色机。

这些设备还可以染色,也可以用来煮练。

五、漂白

棉织物经过精练后,由于纤维上还有天然色素存在,其外观不够洁白,因此,除少数品种外,一般还要进行漂白加工,以保证染色或印花色泽的鲜艳度。

漂白的目的是破坏色素,赋予织物必要的和稳定的白度,同时纤维不受到明显损伤。棉纤维中天然色素的化学结构和性质虽然不明确,但它的发色体系在漂白过程中能被氧化剂破坏。

用于棉织物的漂白剂主要有次氯酸钠、过氧化氢和亚氯酸钠,相应的工艺分别简称为氯漂、氧漂和亚漂,需控制工艺条件,防止纤维被氧化而损伤。

用于织物漂白的设备无特殊限制,漂白的方式也比较多样,有浸漂、淋漂、轧漂。在大规模工业生产中,多采用过氧化氢轧漂(织物浸轧漂液后在大型容布器或其他设备中堆放一定时间)进行织物的连续漂白。

(一)次氯酸钠漂白

1. 次氯酸钠溶液

次氯酸钠是强碱弱酸盐,在水溶液中能水解,溶液呈碱性。次氯酸钠不稳定,产生的次氯酸会分解而释放氯:

$$NaClO + H_2O \longrightarrow NaOH + HClO$$
$$HClO \longrightarrow H^+ + ClO^-$$
$$HClO + H^+ + Cl^- \longrightarrow Cl_2 + H_2O$$

次氯酸钠溶液中产生漂白作用的有效成分可能是 OCl^-、$HOCl$、Cl_2,它们在溶液中的含量随 pH 值不同而不同,在碱性条件下主要是 OCl^-,近中性范围内以 $HOCl$、OCl^- 为多,弱酸性条件下以 $HOCl$ 为主,Cl_2 的含量则随 pH 值降低而增加,在 pH<4 以下时更为显著。

次氯酸钠溶液的浓度用有效氯表示,有效氯是指次氯酸钠溶液加酸后释放氯气的数量,商品次氯酸钠一般含有效氯 10%～15%。

2. 次氯酸钠漂白工艺参数确定

用次氯酸钠进行棉布漂白时,为了使织物能获得良好的漂白效果,又能维持纤维强力,必须选择合适的漂白工艺,如漂白液的 pH 值、温度、浓度和时间。

次氯酸钠漂白液的 pH 值对漂白质量有十分重要的影响。生产中多不采用酸性或中性条件进行漂白:酸性条件下有大量的氯气逸出,劳动保护较难;pH 值接近中性,纤维素损伤严重。因此,应在碱性条件下进行漂白,pH 值控制在 10 左右。

次氯酸钠的漂白能力强,漂白温度通常为 20～35 ℃,漂白时间 30～60 min。温度过低,漂白时间过长,也不适合生产的需要。

次氯酸钠漂白液的浓度应和其他工艺参数相适应,根据具体情况灵活掌握。在轧漂中,可根据织物厚薄、前处理程度,将漂白液的有效氯浓度控制在 1～3 g/L,煮练不够充分和较厚的织物可采用较高的漂液浓度;在淋、浸漂中,由于浴比较大,漂液浓度可以稍低一些,如 0.5～1.5 g/L。

棉织物经次氯酸钠漂白后,织物上尚有少量残余氯,若不去除,将使纤维泛黄并脆损,对某些不耐氯的染料如活性染料有破坏作用。因此,次氯酸钠漂白后必须进行脱氯处理,脱氯一般采用还原剂。常用的脱氯剂有硫代硫酸钠、亚硫酸氢钠等,它们的脱氯作用可表示如下:

$$Na_2S_2O_3+Cl_2 \longrightarrow Na_2S_4O_6+2NaCl$$
$$NaHSO_3+Cl_2+H_2O \longrightarrow NaHSO_4+2HCl$$

漂白设备不能采用铁质材料,漂液中也不应含有铁离子,因钴、镍、铁、铜等重金属化合物对次氯酸钠有催化分解作用,漂白作用剧烈,使纤维受损。因此,氯漂一般用陶瓷、石料或塑料做容器。另外,次氯酸钠漂白应避免太阳直射,防止次氯酸钠溶液迅速分解而导致纤维受损。

3. 次氯酸钠漂白工艺

(1) 绳状连续轧漂工艺流程:绳状浸轧次氯酸钠溶液(有效氯 1～2 g/L,带液率 110%～130%)→J 形箱堆置(30～60 min)→冷水洗→轧酸(硫酸 2～4 g/L,40～50 ℃)→堆置(15～30 min)→水洗→中和(碳酸钠 3～5 g/L)→温水洗→脱氯(硫代硫酸钠 1～2 g/L)→水洗。

(2) 平幅连续轧漂工艺流程:平幅浸轧漂液(有效氯 3～5 g/L)→J 形箱平幅室温堆置(10～20 min)→水洗→脱氯→水洗。

次氯酸钠漂白成本较低、设备简单,但对退浆、精练的要求较高。

(二) 过氧化氢漂白

1. 过氧化氢溶液

过氧化氢又名双氧水,是一种弱二元酸,在水溶液中电离成氢过氧离子和过氧离子:

$$H_2O_2 \longrightarrow H^+ + HO_2^-, \quad K=1.78 \times 10^{-12}$$
$$HO_2^- \longrightarrow H^+ + O_2^{2-}, \quad K=1.0 \times 10^{-25}$$

在碱性条件下,过氧化氢溶液的稳定性很差,因此,商品双氧水加酸呈弱酸性。过氧化氢易受某些金属(如 Cu、Fe、Mn、Ni)催化分解,酶和极细小的带有棱角的固体物质(如灰尘、纤维、粗糙的容器壁)等都会对过氧化氢起分解催化作用。例如亚铁离子对过氧化氢的催化分解反应如下:

$$Fe^{2+}+H_2O_2 \longrightarrow Fe^{3+}+HO \cdot +OH^-$$
$$H_2O_2+HO \cdot \longrightarrow HO_2 \cdot +H_2O$$
$$Fe^{3+}+HO_2 \cdot \longrightarrow Fe^{2+}+H^++O_2$$
$$Fe^{2+}+HO_2 \cdot \longrightarrow Fe^{3+}+HO_2^-$$

过氧化氢中间产物有 HO_2^-、$HO_2 \cdot$、$HO \cdot$ 和 O_2,活性高的自由基(如 $HO \cdot$)对色素虽没有破坏作用,但会引起纤维损伤。为防止纤维损伤过多,一定要在漂白液中加入稳定剂(如水玻璃)或络合剂(如 EDTA),防止金属离子局部剧烈催化分解过氧化氢。根据研究,HO_2^- 是织物损伤小的漂白有效成分。

2. 过氧化氢漂白工艺参数确定

在 H_2O_2 漂白过程中,pH 值是漂白质量重要的影响因素之一。研究表明,当 pH 值在 3～13 范围内,织物白度在 83%～87% 之间变动,表明均有漂白作用,但从棉织物的白度、纤维受损程度和加入稳定剂或其他助剂考虑,漂白液的 pH 值以接近 10 为好。

在生产中,根据织物品种和前处理情况,漂白用 H_2O_2 浓度可为 2～6 g/L,前处理质量较差、漂白要求较高及比较紧密厚实的织物，可采用较高的浓度。

过氧化氢漂白时，漂白时间与漂白温度有很大关系。一般是在 90～100 ℃下漂白 45～60 min；降低漂白温度虽然也能达到漂白目的，但漂白时间延长，例如室温下漂白需 1 d；为了提高生产率，可将漂白温度提高到 120～130 ℃，使漂白时间缩短为 1～2 min。

3. 过氧化氢漂白工艺

(1) 轧漂汽蒸工艺流程：室温浸轧漂液(带液率100％) → 汽蒸(95～100 ℃，45～60 min) → 水洗。漂液组成：H_2O_2(100％)2～6 g/L，水玻璃(密度为 1.4 g/cm³)5～10 g/L，润湿剂 1～2 g/L，pH 值 10.5～10.8。连续汽蒸漂白常在平幅连续练漂机上进行。

(2) 冷堆法漂白工艺：氧漂可采用冷堆法处理。冷堆法一般采用轧卷装置，用塑料薄膜将待漂织物包覆，不使其风干，再在一种特定设备上保持慢速旋转(5～7 r/min)，防止工作液积聚在布卷的下层，造成漂白不匀。工艺流程：室温浸轧漂液→打卷→堆置(14～24 h，约 30 ℃)→充分水洗。漂液组成：H_2O_2(100％)10～12 g/L，水玻璃(密度为 1.4 g/cm³)20～25 g/L，过硫酸铵4～8 g/L，pH 值 10.5～10.8。

过氧化氢漂白设备虽然可采用木制容器，但大多采用不锈钢。

棉织物用过氧化氢漂白有许多优点，例如产品的白度高且不泛黄、手感好，同时对退浆和煮练要求较低。因为过氧化氢对棉织物的漂白是在碱性介质中进行的，兼有一定的煮练作用，能去除棉籽壳等天然物质，便于练漂过程的短流程一体化。此外，采用过氧化氢漂白不产生氯化有机衍生物，属环保生态加工，但氧漂的成本较高。

(三) 亚氯酸钠漂白

1. 亚氯酸钠溶液

亚氯酸钠的水溶液在碱性介质中稳定，在酸性条件下不稳定，会发生分解反应：

$$NaClO_2 + H_2O \longrightarrow NaOH + HClO_2$$
$$5ClO_2^- + 2H^+ \longrightarrow 4ClO_2 + Cl^- + 2OH^-$$
$$3ClO_2^- \longrightarrow 2ClO_3^- + Cl^-$$
$$ClO_2^- \longrightarrow Cl^- + 2[O]\text{(少量)}$$

亚氯酸钠溶液中主要有 ClO_2^-、$HClO_2$、ClO_2、ClO_3^-、Cl^- 离子。$HClO_2$ 的存在是漂白的必要条件，而二氧化氯(ClO_2)则是漂白的有效成分。

ClO_2 在溶液 pH 值降低时产生，毒性大，不能释放到空气中。在亚氯酸钠漂白时，采用活化剂方法。开始，织物浸轧漂白液时近中性，漂白液中含一定量的活化剂；在随后汽蒸时，活化剂释放出 H^+，使 pH 值下降，$NaClO_2$ 很快分解出 ClO_2 而达到漂白目的。

2. 亚氯酸钠漂白工艺参数确定

从亚氯酸钠漂液的漂白效果和对纤维的损伤情况来看，以采用 pH=5.5 的漂液进行漂白为好，但为了加快漂白速度，可将漂白液的 pH 值调低至 4.0～4.5。

亚氯酸钠漂白常用的活化剂是有机酸(如醋酸)或潜在酸性物质，如六亚甲基四胺、乳酸乙酯等复配物和硫酸铵等。

3. 亚氯酸钠漂白工艺

(1) 连续轧蒸工艺流程：浸轧漂液→汽蒸(95～100 ℃，pH 值 4.0～5.5，1 h)→脱氯($Na_2S_2O_3$ 或 Na_2SO_3 1～2 g/L)→水洗。漂液组成：$NaClO_2$(100％)15～25 g/L，活化剂 x g/L

（根据所用活化剂而定），非离子型表面活性剂 1~2 g/L。

（2）冷漂工艺：亚氯酸钠漂白还可用冷漂法。漂液组成与轧蒸工艺接近，因在室温下漂白，故常用有机酸做活化剂。织物经室温浸轧打卷，用塑料薄膜包覆，布卷缓慢转动，堆放 3~5 h，然后脱氯、水洗。

由于二氧化氯对一般金属材料有强烈的腐蚀作用，亚漂设备应选用含钛 99.9% 的钛板或陶瓷材料。亚氯酸钠的酸性溶液兼有退浆和煮练功能，能与棉籽壳及低相对分子质量的果胶物质等杂质作用而使之溶解。亚氯酸钠漂白的织物白度高，手感也很好，纤维损伤很小，适用于高档棉织物的漂白加工，但成本较高。

（四）增白

棉织物经过漂白以后，如白度未达到要求，可进行复漂以提高织物的白度，还可以进一步采用增白工艺或同浴增白。

（1）增白工艺流程：二浸二轧含荧光增白剂的增白液（VBL 0.5~3.0 g/L、pH 值 8~9、40~45 ℃），轧液率 70%，然后拉幅烘干。

（2）漂白与增白同浴工艺流程：二浸二轧漂白增白液（轧余率 100%）→汽蒸（100 ℃，60 min）→皂洗→热水洗→冷水洗。漂白增白液组成：H_2O_2（100%）5~7 g/L，水玻璃（密度 1.4 g/cm³）3~4 g/L，磷酸三钠 3~4 g/L，荧光增白剂 VBL 1.5~2.5 g/L，pH 值 10~11。

六、开轧烘

织物经过绳状练漂加工后必须回复到原来的平幅状态，才能进行丝光、染色或印花。为此，织物须通过开幅、轧水和烘燥工序，简称开轧烘。

将绳状织物扩展成平幅状态的工序叫开幅，在开幅机上进行。

开幅后轧水，能较大程度地消除绳状加工带来的折皱，使布面平整，在流水的冲击下可进一步去除杂质。轧水后，织物含水均匀，有利于烘干，提高效率。轧水机的主要机构为硬滚筒、软滚筒和轧水槽。硬滚筒通常为硬橡胶或金属辊，软滚筒由软橡胶制成。

棉织物经过轧水后，以烘燥的方式烘干。印染厂常用的烘燥方式有烘筒、红外线、热风等，开轧烘一般采用烘筒烘燥。为了便于操作，开幅机、轧水机和烘筒烘燥机可联接在一起，组成开轧烘联合机。

七、丝光

丝光是指棉织物在一定张力作用下，经浓氢氧化钠（烧碱）溶液处理，并保持所需要的尺寸，处理后使织物获得丝一般的光泽。丝光是棉织物染整加工的重要工序之一，绝大多数的棉织物在染色前都经过丝光处理。

（一）丝光原理

棉纤维在浓烧碱作用下生成碱纤维素，碱化纤维素带入大量水，使纤维发生不可逆的剧烈溶胀。其作用机理是纤维素碱化后，由于钠离子的体积小，是水化能力很强的离子，其周围有较多的水，水化层很厚。水化钠离子、氢氧离子不仅大量进入纤维内部的无定形区，而且还能进入纤维内部的结晶区，大量的水分子被带入，引起纤维内部的剧烈变化，纤维本体溶胀。

一般来说，纤维的溶胀程度随碱液浓度提高而增大，因为碱液浓度越高，与纤维素结合的钠离子数增多,水分子进入就越多。但烧碱浓度对纤维溶胀程度的影响不是无限大,当溶液中的水分子全部以离子水化状态存在时,再提高烧碱浓度,每个离子能结合的水分子数量反而减少。此时碱液黏度大,进入纤维不易,因而纤维溶胀程度反而减少。

溶胀的纤维在水洗除碱后,碱纤维素水解回复成纤维素分子,但纤维的物理结构在外力作用下不能复原,已发生定向重构。

(二) 丝光效果

棉织物经过丝光后,其强力、延伸度和尺寸稳定性等物理和力学性能有不同程度的变化,纤维的化学反应性能和对染料的吸附性能也有提高。

1. 光泽显著增强

光泽是指物体对入射光的规则反射程度,也就是说,漫反射的现象越小,光泽越强。丝光后,棉纤维的横截面由原来的腰子形变为椭圆形甚至圆形,胞腔缩为一点,整根纤维由扁平带状变成圆柱状(图 2-7),表面变得平滑,因而对光线的漫反射减少,规则反射增加。

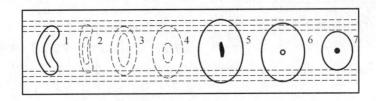

1~5—浓碱中纤维逐渐溶胀;6—洗碱收缩;7—纤维干燥后

图 2-7　棉纤维丝光过程变化示意图

2. 定形作用

丝光过程中,棉纤维剧烈溶胀时纤维素分子适应外力进行重排,使纤维原来存在的内应力减少,尺寸稳定,从而产生定形作用。

3. 断裂强度增加,断裂延伸度下降

在丝光过程中,纤维大分子的排列趋向于整齐,取向度提高,减少了薄弱环节,纤维表面的不均匀变形也被消除,当受到外力作用时,更多的大分子均匀分担作用力,因此强度增加。

4. 化学反应性能提高

丝光棉纤维的结晶度下降、无定形区增多,吸收染料及其他化学药品容易,所以丝光后纤维的化学反应性能和对染料的吸附性能都有所提高。

(三) 丝光工艺参数确定

影响丝光效果的主要因素是碱液的浓度、温度、作用时间和对织物所施加的张力。

烧碱溶液的浓度对丝光质量的影响最大,因为只有当烧碱溶液浓度达到某一临界值以后,才能使棉纤维发生不可逆的溶胀。研究表明,烧碱浓度低于 105 g/L 时,无丝光作用;高于 280 g/L,丝光效果并无明显改善。为了获得满意的丝光效果,碱液浓度一般采用 180～280 g/L。

烧碱和纤维素纤维的作用是一个放热反应,提高碱液温度有减弱纤维溶胀的作用,从而造成丝光效果降低。所以,丝光碱液以低温为好。但实际生产中不宜采用过低的温度,因保持较低的碱液温度需要大功率的冷却设备和较多的电力消耗;温度过低,碱液黏度显著增大,使碱液难于渗透到纱线和纤维的内部,造成表面丝光。因此,实际生产中多采用室温丝光,夏天通常采用在轧槽夹层中通入冷流水的方法，使碱液处于低温。

丝光作用时间 20 s 基本足够，时间过长对丝光效果虽有增进，但并不十分显著。另外，作用时间与碱液浓度和温度有关，浓度低时，应适当延长作用时间。生产中一般采用 50～60 s。

棉织物丝光只有在适当张力的情况下防止织物收缩，才能获得较好的光泽。纬向张力控制应使织物门幅达到坯布门幅，甚至略超过；经向张力控制以丝光前后织物无伸长为好。

丝光时，棉织物一般在室温下浸轧 180～280 g/L 的烧碱溶液（补充 300～350 g/L），保持带浓碱的时间在 50～60 s，并使经、纬向都受到一定的张力；然后在张力条件下冲洗去烧碱，直至每千克干织物上的带碱量小于 70 g，才可以减小纬向张力，并继续洗去织物上的烧碱，使丝光后落布门幅达到成品门幅的上限，织物 pH 值为 7～8。

（四）丝光设备

棉织物丝光所用设备有布铗丝光机、直辊丝光机和弯辊丝光机三种，阔幅织物用直辊丝光机，其他织物一般用布铗丝光机。布铗丝光机由轧碱装置、布铗链扩幅装置、吸碱装置、去碱箱、平洗槽等组成。

轧碱装置由轧车和绷布辊两部分组成，盛碱槽内装有导辊，采用多浸二轧的浸轧方式。为了降低碱液温度，盛碱槽通常有夹层，夹层中通冷流水冷却。为防止表面丝光，后盛碱槽中的碱浓度高于前盛碱槽。为防止织物吸碱后收缩，后轧车的线速度略低于前轧车的线速度。绷布辊之间的距离宜近一些，织物沿绷布辊的包角尽量大一些。此外，可加装扩幅装置。织物从前轧碱槽至后轧碱槽的时间为 40～50 s。

布铗链扩幅装置主要由左、右两排各自循环的布铗链组成。布铗链长度为 14～22 m，左、右两条环状布铗链分别敷设在两条轨道上，通过螺母套筒套在横向的倒顺丝杆上，摇动丝杆便可调节轨道口之间的距离。布铗链呈橄榄状，中间大、两头小。为了防止棉织物的纬纱发生歪斜，左、右布铗长链的速度可以分别调节，将纬纱维持在正常位置。

当织物在布铗链扩幅装置上扩幅达到规定宽度后，将稀热碱液（70～80 ℃）冲淋到织物表面。在冲淋器后面，紧贴织物的一面有布满小孔或狭缝的平板真空吸水器，可使冲淋下来的稀碱液透过织物。这样冲、吸配合（一般五冲五吸），有利于洗去织物上的烧碱。织物离开布铗时，其上碱液浓度低于 50 g/L。在布铗长链下面，有铁或水泥制的槽，可以贮放洗下的碱液，当槽中碱液浓度达到 50 g/L 左右时，用泵将碱液送到蒸碱室回收。

为了将织物上的烧碱进一步洗落下来，织物经过扩幅淋洗后进入洗碱效率较高的去碱箱。去碱箱内装有直接蒸汽加热管，部分蒸汽在织物上冷凝成水，并渗入组织内部，起冲淡碱液和提高温度的作用。去碱箱底部成倾斜状，内分成 8～10 格，冲洗下来的稀碱液在箱底逆织物前进方向流入布铗长链下的碱槽中，供冲洗用。织物经去碱箱去碱后，每千克干织物的含碱量可降至 5 g 以下，接着在平洗机上进行热水洗，必要时用稀酸中和，最后将织物用冷水清洗。

（五）丝光工序

棉织物丝光按品种不同，可以采用原布丝光、漂后丝光、漂前丝光、染后丝光或湿布丝光等工序。一般棉织物采用漂后丝光工序。

棉织物除用浓烧碱溶液丝光外，生产中也有用液氨丝光的。液氨丝光是将棉织物浸轧在 −33 ℃的液氨中，在防止织物经、纬向收缩的情况下透风，再用热水或蒸汽除氨，氨气回收。液氨丝光后棉织物的强度、耐磨性、弹性、抗皱性、手感等物理和力学性能优于碱丝光。因此，液氨丝光特别适合于进行树脂整理的棉织物,但成本高。

第三节　节水节能前处理

传统的前处理工艺流程质量稳定,但是存在工艺路线长、效率低、设备占地大、能耗水耗大等问题。人类进入 21 世纪,在崇尚自然、追求健康、向往绿色的潮流下,纺织品染整技术重点关注生态环保和节能、节水等方面。

短流程前处理工艺是利用碱性条件下能够高效除杂的原理,退浆、精练、漂白三道工序并不是截然隔离,而是相互补充,如碱或酸退浆的同时有去除天然杂质的作用,减轻精练负担,而精练有进一步的退浆作用,对白度提高也有好处,漂白也有进一步的去杂作用。

传统的三步法前处理工艺稳妥和重现性好,但机台多、时间长、效率低。从降低能耗、提高生产效率出发,可以把三步法前处理工艺缩短为二步法或一步法,称为短流程前处理工艺,是棉织物前处理的发展方向。

二步法一般是把退浆和精练合并,然后漂白。在退煮时将织物所带的浆料和其他杂质尽量去除,以减轻漂白负担,节省漂白剂用量。在漂白过程中,过氧化氢除了起漂白作用外,同时具有去除棉籽壳、浆料和其他杂质的作用。因此,如果退浆处理不够完善,可以在漂白阶段加以弥补。这是该工艺的特点,半制品质量较好。例如 18.5 tex 棉纱卡的二步法工艺如下:

烧毛→浸轧退煮液(NaOH 40 g/L,高效精练液 5 g/L)→L 蒸汽箱(100~102 ℃,60~90 min)→水洗→轧漂白液(H$_2$O$_2$ 10~12 g/L,NaOH 5 g/L,硅酸钠 10 g/L,高效精练剂 5 g/L)→L 箱汽蒸(100~102 ℃,60 min)→水洗。

一步法工艺是将退浆、煮练、漂白三道工序并为一步,采用过氧化氢和烧碱为主要用剂,配以其他高效助剂,通过冷轧堆或高温汽蒸加工,半制品质量能够满足后加工的要求。例如 15 tex 棉府绸的冷轧堆一步法工艺如下:

烧毛→浸轧碱氧液(NaOH 46~50 g/L,H$_2$O$_2$ 16~20 g/L,硅酸钠 14~16 g/L,精练液 10~12 g/L)→打卷堆置(室温,20 h)→水洗。

除上述工艺以外,采用新技术、新型助剂,例如生物酶技术用于退浆、精练、漂白,等离子体技术用于退浆、精练,超声波技术、高能射线在退浆、精练、漂白、脱胶中的应用,非水溶剂的应用等,都是棉织物前处理的发展方向。

复习要点:

1. 染化加工用水的质量,使用表面活性剂助剂的作用。

2. 染整前处理工艺的各个流程的原理及工艺方法。

3. 对染整前处理的生态环保、短流程化有所认识。

思考题:

1. 棉纺织品染整前处理有哪几道工序?

2. 烧毛依据什么原理处理织物表面的绒毛? 棉织物烧毛后进灭火槽有什么作用?

3. 坯布上的浆料主要有哪些？退浆常用哪几种方法？各有什么特点？

4. 织物漂白常用哪些漂白剂？根据生态加工原则，可选择哪些漂白加工？

5. 含氯漂白剂有哪些？氯漂、亚漂中为什么有脱氯工序？用什么脱氯？

6. 棉织物丝光一般用什么试剂？丝光时棉织物为什么要施加张力，为什么温度要控制在低温？

7. 棉织物丝光后的丝光效果有哪些？解释其原因。

8. 棉织物煮练主要除去哪些杂质？解释其作用原理。

9. 描述棉织物煮练用剂成分，解释亚硫酸氢钠的作用。

10. 丝织物漂白一般用下列哪种漂白剂？（　　　）

　　A. NaClO　　　　　　B. NaClO$_2$　　　　　　C. H$_2$O$_2$　　　　　　D. NaClO$_3$

第三章 纺织品染色

本章导读：了解染料对纺织品进行染色的基本理论,关注染料的类型和染色纤维之间的上染关系,对不同纤维种类的织物采用的染色原理、方法与染色条件的异同进行比较。

染色是纺织品加工的重点,赋予纺织品色彩。染色过程中,染料和纤维之间发生物理作用或化学反应,染料因而结合、留存在纤维上,从而使纺织品显示稳定的颜色。纺织品的染色方法取决于纤维的性质,不同纤维需用不同的染料,采用不同的工艺。为了得到牢固的色泽,纤维、染料、设备和工艺是主要影响因素。

第一节 基本概念

一、染料及其分类

染料是能将纤维染成一定颜色的有色的有机化合物,它们大多可溶于水,或在染色时通过一定的化学处理能转变成可溶于水的状态或能被处理成分散状态而上染纤维,它们与纤维有一定的物理或物理化学的结合力,多以分子状态进入纤维、染着在纤维上,具有一定的染色牢度。

颜料是能使纺织品带上颜色的另一类有色物质。与染料不同的是,颜料不溶于水,颜料微粒不容易进入纤维内部,靠黏合剂黏接在纤维表面,从而使纺织品带上颜色。合成纤维纺丝时,颜料的纳米细粉可用于纺合纤的原液着色。用颜料着色纺织品,称为涂料染色。涂料是颜料微粒和分散剂、吸湿剂、水等助剂混合磨成的浆状体,染色和印花都可使用。颜料有无机和有机颜料两类。

染料根据来源有天然染料和合成染料之分。天然染料从植物或动物体中提取,有苏木精、茜素、胭脂虫红素等。天然染料染色大多需要对纺织品进行金属盐处理,染色过程复杂,颜色不够鲜艳,染色牢度也不够。因此,在19世纪中叶合成染料出现后,天然染料应用几乎全部中止。目前,由于回归自然,对健康、环境保护意识的提高,人们重新在染色中起用天然染料。

1856年,英国人珀金发明了第一个合成染料——苯胺紫。此后,合成染料品种达数千种,它们基本上都由《染料索引(*Color Index*)》收编。合成染料品种多、价格便宜、染色方便、色谱齐全,因而使用广泛。但目前,对合成染料中一些苯胺结构型染料的致病性因素的认识,使得合成染料的使用带上对人和环境不友好的阴影。

染料品种很多,不同的纤维使用不同的染料,因此,将染料按其应用性能进行分类。染料的应用分类如图3-1所示,直接染料、活性染料、还原染料、可溶性还原染料、硫化染料、不溶性偶氮染料是纤维素纤维纺织品染色的基本染料,酸性染料、酸性媒染染料、酸性含媒染料是染蛋白质纤维纺织品的基本染料,阳离子染料染腈纶纺织品,分散染料染涤纶纺织品,酸性染料、酸性含媒染料和分散染料可染锦纶纺织品。荧光增白染料即为荧光增白剂,它们能染着纤维,通过吸收紫外线发射蓝光使纺织品增白,其结构和对纤维纺织品的应用与其他染料一样。纤维性能决定了可用染料的类别,因此染色时,必须根据纤维种类选择染料。

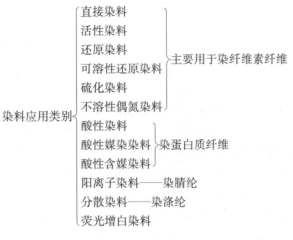

图 3-1　染料应用类别

染料按其共轭发色化学结构分为偶氮染料、蒽醌染料、三芳甲烷染料、靛类染料、硫化染料、甲川染料、酞菁染料等。偶氮染料的结构特点是有偶氮基:—N≡N—。在共轭体系中,偶氮结构染料品种多,几乎覆盖上述应用类别中的八种(直接染料、活性染料、不溶性偶氮染料、酸性染料、酸性媒染染料、酸性含媒染料、阳离子染料、分散染料),应用广,色谱全。蒽醌染料具有蒽醌结构,其使用量仅次于偶氮染料。三芳甲烷染料的应用占第三位。染料的化学分类对开发新结构的染料及应用中染料的性能研究帮助很大。

染料名称在国内以三段命名法命名,规定染料名称由三部分构成:冠称、色称、字尾(尾称)。冠称表示染料的应用类别,共三十余类,如直接、还原、活性、分散等;色称表示染料染色后呈现的色泽,用三十个色泽名称,如嫩黄、黄、深黄、蓝、翠蓝、湖蓝、艳蓝、深蓝等;字尾由符号和数字构成,用来说明染料的色光、形态、染色性能、特殊性能等。

二、染色牢度

染色牢度是纺织品染色质量的一个重要指标,是指在服用过程中或后续加工处理中,染色纺织品能经受各种因素作用而保持原来色泽的能力。染料所染纺织品保持原来色泽的能力低即为易褪色,染色牢度低;反之,不容易褪色,染色牢度高。

染色牢度因加工过程和服用环境不同而有不同的要求。染色纺织品在加工中可能经受漂白、热定形、缩绒处理等,相应地有耐漂白色牢度、耐酸色牢度、耐碱色牢度、耐缩绒色牢度、耐升华色牢度等;在使用中,外衣受日光照射、内衣受汗水浸渍,以及洗涤、摩擦等,相应地有耐光色牢度、耐气候色牢度、耐洗色牢度、耐汗渍色牢度、耐摩擦色牢度、耐氯浸色牢度、耐烟熏色牢度等。由此可知,染色牢度是一个相对概念,一种染色纺织品不可能满足以上所有染色牢度的要求,只有根据具体的用途选择染料,才能有满意的结果。日常使用中,耐光色牢度和耐洗色牢度是衡量染色纺织品中使用最多的指标。

染色牢度按国家技术监督局发布的标准方法进行测试。耐洗色牢度等牢度指标分为 5 级：5 级最优，洗后看不出色泽变化；1 级最差，褪色或沾色严重。耐光色牢度分为 8 级：8 级最优，测试光照条件下基本不褪色；1 级最差，褪色严重。

影响纺织品染色牢度的因素很多。染料的分子结构和化学性质是首要的因素。例如三芳甲烷染料由于受光氧化分解而褪色，稠环酮类还原染料的分子结构对光稳定，因而耐光色牢度高，活性染料的耐氯漂色牢度不够高，分散染料有升华性。

染色牢度还受纤维性质、染料在纤维上的物理形态和结合形式的影响。例如直接染料和活性染料的水溶性都很好，但直接染料染色纺织品的耐洗性不如活性染料染色纺织品，因为活性染料与纤维间有化学键结合，而直接染料与纤维间没有。

染色方法、染色工艺条件等因素对染色牢度也有影响，因为它们影响染料在纤维上的分布和结合状态。例如某些结构较大的染料分子，在染色速度快时，会积聚在纤维表面，影响纺织品的耐摩擦色牢度；不溶性染料和活性染料在染色时也会在纤维表面附着，但不牢固，通过染色后皂洗除去浮色或经固色处理可提高纺织品的耐摩擦色牢度。除以上因素外，纺织品的染色牢度还与周围环境、染色纺织品的色泽浓淡有关系。例如光源波长不同、湿度不同，纺织品的耐光色牢度不一样；同样的染色纺织品，只是色泽浓度不同，染浓色的耐光色牢度一般比淡色好，而耐摩擦色牢度却相反，淡色比浓色好。因此，测试纺织品的染色牢度时，对这些影响因素必须做出规定，否则无法比较。例如，色泽规定须参照"标准深度"染样进行，如测试时所染样品与"标准深度"一致，记为 1/1 深度；与"标准深度"相比只有其 1/10，则记为 1/10 深度。

三、染料颜色与配色

染料有颜色是因为染料对可见光产生了选择性吸收，被人们的眼睛感知而形成不同的颜色感觉。因为颜色是人们对不同光线的感觉，因此光与色之间的关系决定了染料应用。

染色中，一种染料的颜色不一定能满足所染纺织品的色调要求，需要两种、三种或更多种染料拼混才能达到所要求的色调。人们把染色中几种染料拼混使用以满足所需色调的现象称为配色。染料配色所依据的原理是三原色原理。染料吸收可见光的一部分，其显示颜色是剩余可见光部分的颜色，因此，染料所用三原色是品红、青和黄色。理论上，通过这三种原色可调出任何颜色。

染色时几种染料的调色过程比较费时、费料，调色师调配所花时间也较长。随着电子计算机技术的发展，电脑配色已在染色中推广使用，速度快、试染次数少、染色配方多。

四、上染原理

染色是染料染上纤维的过程。染料舍染液而向纤维转移、透入纤维内部，这个过程称为上染。

不同的纤维、不同的染料及不同的染色方法，基本上都要经过上染过程。有些染色，上染过程完毕，染色过程就完成；有些染色，上染后接着进行化学处理，才完成染色；也有些染色，染料在上染同时即在纤维上发生化学反应。

上染过程涉及染料在溶液中的状态、染料向纤维迁移吸附、扩散进入纤维内部。本节主要介绍上染过程中的基本理论。

（一）染料在染液中的状态

染料分子含可电离基团，在溶液中能电离带上电荷，被称为离子型染料，如直接染料、活性染料、酸性染料、阳离子染料等；染料分子不含可电离基团，在溶液中不能电离带上电荷，被称为非离子型染料，如分散染料。

离子型染料在水中溶解性较好。根据电离后染料的带电荷性，离子型染料又分为阴离子型染料和阳离子型染料两类。

染料离子在水溶液中独立状态少，由于其疏水性强，会发生不同程度的聚集，例如阴离子型染料：

$$n\mathrm{MD} \Longleftrightarrow (\mathrm{MD})_n$$
$$(\mathrm{MD})_n + \mathrm{D}^- \Longleftrightarrow [(\mathrm{MD})_n\mathrm{D}^-]$$

浓度提高、温度降低可使离子型染料的聚集趋势增强；反之，浓度降低、温度提高可使离子型染料的聚集趋势减弱。溶液中加入过量无机盐，会增加染料聚集倾向，甚至使染料聚集至沉淀。有些助剂，如尿素，能减弱染料的聚集倾向；有些助剂，如平平加 O，能促进染料聚集，减缓上染，起缓染作用。

在染色中，染料上染纤维是以单分子或单离子状态进入纤维内部，而聚集状态的染料不能扩散到纤维内部。染色溶液中，聚集态染料分子、单个染料分子和染料离子形成动态平衡关系。当染料向纤维转移时，这种动态平衡被破坏，聚集态染料分子不断解聚，直到上染平衡：

染料在染液中运动自由均匀，但到达被染物纤维表面时，由于边界效应的存在，染料浓度会降低，染液流动更能使染料浓度一致。

（二）染料的吸附

染料的吸附是指染色中染料分子舍染液而向纤维表面转移，借助染料分子和纤维分子之间的引力，染料分子被吸引在纤维表面。

染料在染色溶液中受多种力的作用，如自身相互聚集、与助剂缔合、与水结合等。在这种状况下，染料舍染液向纤维转移，染料和纤维之间须有较大的结合倾向，用热力学观点衡量，称为亲和力。亲和力是指标准状态下染料向纤维转移的势能。亲和力是染料对纤维上染的一个特性指标，取决于纤维和染料的性质，对指定的纤维，就是染料的属性。染色的许多情况是非热力学标准态，因此，常常用直接性这个概念来定性地说明染料对纤维的上染能力。染料的直接性是指染色时染料能够从染液中向纤维转移的特性，可用上染百分率估计，上染百分率是指染料上染在纤维上的量与原染液中染料总量的百分比。在某个染色条件下，上染百分率高称为直接性高，上染百分率低称为直接性低。直接性受染液浓度、浴比、所用无机盐、温度、压力、pH 值等因素的影响。

染料的吸附是可逆过程。染料从染液中运动到纤维表面，被纤维吸附，相反的过程也会发生。在纤维入染液的初期，染液中染料多，吸附占据主要地位；一定时间后，纤维表面被纤维吸附的染料比较多，分子的热运动动能使染料分子挣脱纤维的吸附力而进入染液的可能性变大，即解吸速率增加，甚至能达到吸附、解吸可逆平衡。

（三）染料的扩散

染料的扩散是指吸附染料开始向纤维内部做不规则运动的过程。染料在纤维中的扩散是固态扩散，速率很慢，是整个染色过程的瓶颈。

染料扩散的速率与染色温度的关系极大，温度提高使染料分子的热运动能量增加，能克服扩散的阻力而在纤维中扩散。温度提高至超过一定范围，使纤维内部的物理微结构有突变时，扩散速率有转折点。

染料在纤维中的扩散速率受纤维结构的影响，纤维结构均匀、微隙大，扩散速率快，染色均匀；纤维结构不匀，例如化纤抽丝不匀，扩散速率有快有慢，最终染色不匀。纤维微隙小，染料分子难进入，扩散速率慢。

染料在纤维中的扩散速率受纤维表面染料浓度的影响，当纤维表面染料吸附不均匀、表面染料浓度有变化时，扩散不匀，造成染色不匀。

染料对纤维的直接性也影响染料在纤维中的扩散速率，一般直接性低的染料扩散速率高，直接性高的染料扩散速率低。因为直接性表示染料和纤维之间的结合力，与纤维结合力强的染料，运动阻力大，降低结合力可使扩散速率提高。

染料在纤维中的扩散可用扩散模型加以形象的描述。扩散模型有两种：孔道模型和自由体积模型。

孔道模型用于说明天然纤维这一类亲水性强的纤维染色时的扩散情况，这类纤维在水中溶胀性大，温度较低时，相对分子质量大的水溶性染料就能进入，扩散活化能（阻力）小。孔道模型认为这类纤维在水中溶胀后存在许多曲折而相互连通的小孔道，水充满孔道，染料分子沿这些孔道扩散，扩散中染料分子不断地吸附到孔壁上，然后有些染料分子解吸附，再移动，再吸附、解吸附，直至孔道内游离染料分子和被吸附染料分子达成动态平衡。孔道模型说明纤维结构对染色的影响很大，同样，纤维孔道差异会导致染色差异，例如人造纤维在生产中拉伸取向度不同，扩散就不同。

自由体积模型是对合成纤维这一类疏水性纤维提出的。合成纤维在水中溶胀性小，上染温度较高，扩散活化能大。自由体积模型认为这类纤维在低温水中没有像天然纤维那样的大孔道供染料分子进入扩散；当温度升高到某一范围，合成纤维的上染速率突然提高，这一温度范围与纤维的玻璃化温度一致。因此，认为合成纤维虽没有大的孔道，但合成纤维中有自由体积，即纤维总体积中没有被分子链占据的那部分体积，它们以微小孔穴形式分布在纤维中，当温度升到纤维的玻璃化温度以上，纤维分子链的链段开始运动，微小孔穴某一瞬间合并成大孔穴，又因链段活动分开在另一处形成大孔穴，链段活动使大孔穴具传递性，染料就沿着这种大孔穴扩散进入纤维内部。自由体积模型说明合成纤维的结构如结晶度、取向度会影响纤维的染色，染料体积、增塑剂也会影响染色。

（四）上染速率和上染平衡

染料从溶液中吸附到纤维上，然后扩散进入纤维，这个过程中有上染速率和上染平衡的问题。

前面说过，上染百分率是指染料上染在纤维上的量与原染液中染料总量的百分比，平衡时染料的上染百分率称为平衡上染百分率。染色时纤维上的染料达到平衡上染百分率的一半所需的上染时间,称为半染时间($t_{1/2}$)。

半染时间很重要。一般染色达到平衡很难衡量,而半染时间容易确定。半染时间长短表明染料在纤维中扩散速度慢或快。采用半染时间相同的染料进行拼混染色时,染色物的色泽不会随时间或温度变化而不同。

上染均匀是染色的关键,上染速率和上染百分率要适度,太快或太高都会导致染色不匀、不透,染料被纺织品表层吸附的多,造成里外不匀。试验中,同一染浴中先后放两绞纱进行染色,短时间上染后取出,两绞纱的染色浓度差异大称为初染率高,差异小称为初染率低。将这两绞纱放入同一空白染浴,因解吸、再吸可逆作用,两绞纱的色浓度趋于一致,染料通过染液流动和自身扩散在纺织品上重新分布,这种现象称为移染现象。移染现象能使染色均匀。但要说明的是,移染现象和耐洗色牢度有矛盾,染色时染料移染性好,说明它与纤维的结合力弱,需用其他办法提高耐洗色牢度。提高温度可提高移染效果,使染料在纤维内扩散速率增加,扩散均匀。提高温度会使平衡上染百分率有所降低,移染后逐渐降温染色可增加上染。

上染速率的影响因素较多,有温度、浓度、染液 pH 值、无机盐(电解质)、染液流速、助剂、浴比(浸染时染物质量与染液体积之比)等。这里主要讨论染液 pH 值和无机盐。

染液 pH 值对上染速率的影响较大,特别是纤维上含有弱酸、弱碱基时。例如,酸性染料染羊毛,染液 pH 值为中性时上染速率太慢,呈酸性时则上染速率过快。锦纶、腈纶染色,染液 pH 值对上染速率的影响也较大。

无机盐对上染速率的影响在染色工艺中有极重要的应用。在染液中,很多纤维通过电离或吸附会带上电荷,而染料大多是离子型染料,当纤维和染料带同电荷时,电荷相斥使吸附速率下降,无机盐加入,起促染作用;当纤维和染料带异电荷时,电荷相吸使上染速率过快,无机盐入,起缓染作用。盐在染液中电离出正离子和负离子,受纤维电场作用,带相反电荷的无机离子运动到纤维附近,被纤维吸附,中和了纤维所带电荷,降低了纤维所带的净电荷,这样与染料分子的电荷相互作用减弱,因而在纤维和染料带同电荷时,排斥力下降,起促染作用;在纤维和染料带异电荷时,吸引力下降,起缓染作用。

(五)染料的固着

染料上染纤维后,要使染料固着在纤维内部,不会再脱落下来而影响染色牢度。不同类型的染料在染色时固着方法不同,如直接染料采用固色剂固着,活性染料上染后通过与纤维发生化学反应形成共价键联接而固着,强酸性染料通过与纤维之间形成离子键而固着,分散染料以它自身的不溶性及涤纶分子链包裹而固着,等等。固着方法不一样,因而染色牢度有差异。染料在纤维中的固着从微观角度看,不外乎是染料和纤维间存在范德华力、氢键力、离子键力和共价键力作用,相互作用力越大,结合越牢固,对染色牢度越有利。

五、染色方法

根据纺织品形态不同,染色方法分为织物染色、纱线染色和散纤维染色。混纺织物、交织织物、厚重织物难染,可采用散纤维染色方法,染后再纺纱;纱线染色可用于色织物、针织物、纱线成品等纺织品;但采用最多的方法是织物形态下进行染色。

除纺织品形态外,根据染色工艺,染色方法分为浸染和轧染两种。浸染是将纺织品浸入染液中一定时间,染液或纺织品不停翻动,使染料均匀染上纺织品的方法。浸染适用于各种形态的纺织品。散纤维染色机、绞纱或筒子纱染色机、经轴染色机等一般采用浸染方法,染色时纺织品不动,染液循环。织物在绳状染色机、卷染机、喷射染色机中染色也属于浸染,前两者染液不循环而织物在染液中运转,后者织物和染液都在循环转动。浸染所用染液多,即浴比大,上染百分率不高时,染料利用率不高,残液可以续用,提高染料利用率。浸染时染液均匀流动和温度均匀是染色均匀的两个重要因素,通过延长浸染时间使移染进行,可解决一些匀染问题。

浸染时染料用量常常以所染纺织品的质量为基数进行计算,即按染料质量与纤维质量的百分比(owf)添加到一定浴比(织物与染液的质量比)的染液中。

轧染是织物浸入染液中短暂时间就出来,经轧辊轧压,染液均匀轧入织物内部空隙,多余染液被挤走,然后通过汽蒸或热熔处理,使组织空隙中的染料上染纤维。轧染一般用于织物形态的批量生产,与浸染不同,织物在染液中只浸几秒或几十秒。浸轧均匀可使染色均匀,织物润湿性好,染液进入织物置换空气迅速,可使轧后织物带液均匀。浸轧后织物上带的染液不能过多,以带液率(轧后织物所带的染液质量与干布质量的百分比)衡量,棉约 70%,黏胶 90%,涤纶约30%;带液率过多,则烘干时织物表面水分蒸发,带动织物空隙中的染液移向表面蒸发,染料"泳移";造成色斑。浸轧方式有一浸一轧、二浸二轧等。有些染料浸轧后不汽蒸,通过长时间堆置而上染,可节省能量。

六、染色设备

染色设备主要用于纺织品染色。对染色设备的要求是在染色过程中使纺织品染色匀透,并且纺织品损伤小。此外,还要求染色设备能适应高效、高速、连续化、自动化、低能耗、低废水排放、多品种、小批量等需求。

染色设备种类很多,按被染纺织品形态,分为织物染色机、纱线染色机、散纤维染色机;按染色时压力和温度情况,分为常温常压染色机和高温高压染色机。此外,染色设备还可按操作间歇进行还是连续生产、织物平幅状还是绳状进行分类。

第二节 直 接 染 料

直接染料是最早使用的合成染料,是溶于水直接上染织物的染料,应用方便,色谱齐全,价格也较便宜。它们在 40 ℃时的皂洗色牢度一般在 3 级左右,有的低于 3 级,虽然可以用后处理的方法将色牢度提高 1 级左右,甚至更高,但一般都不高。它们的日晒色牢度则随品种不同有很大差异,有的可达 6~7 级,有的只有 2~3 级。铜盐直接染料是一类用铜盐进行后处理的直接染料,处理后,有的日晒色牢度可高达 6~7 级。现在纤维素纤维染色有染色牢度很高的还原染料、活性染料和硫化染料等可选用,直接染料的重要性已不如从前。

一、直接染料的化学结构和性能

直接染料大多数是芳香族化合物的磺酸钠盐($-SO_3Na$),但有很少一部分是羧酸的钠盐($-COONa$)。直接染料以偶氮结构为主,含双偶氮或三偶氮,含四个或四个以上偶氮基的比较少。例如直接刚果红染料为双偶氮结构:

直接染料的分子结构有三个特征:①染料分子较长,呈支链式,并且有较大的对称性;②染料分子具有很多个共轭双键;③染料分子的各个基团都处在一个平面上,相对分子质量较大。这几个特征使得这类染料与纤维之间具有直接性。

直接染料的主要性能如下:

(1) 直接染料的分子内都含有亲水性基团(磺酸钠基—SO_3Na 或羧酸钠基—COONa),所以能溶解于水中。它的溶解度大小取决于染料分子内亲水性基团的多少。另外,染料的溶解度也和温度有关,通常温度提高,染料的溶解度随之增加。

(2) 大部分染料能与钙盐或镁盐结合,生成不溶性的沉淀,特别是直接耐晒红棕 RTL、深绿 B、黄棕 D3G、耐晒灰 3B 等,对硬水很敏感,因此染色时必须采用软水。如果采用硬水,必须用纯碱或六偏磷酸钠等进行软化。加入纯碱能提高染料的溶解度,但加入过多会使染色过程变得缓慢,所以纯碱既可软化硬水,又可作为助溶剂。

(3) 食盐(NaCl)、元明粉(Na_2SO_4)等无机盐在水溶液中,盐类阳离子体积较小,活动性较大,容易吸附在纤维分子的周围,从而降低纤维分子表面的阴电荷,达到促染效果。因此中性盐类可作为促染剂,但当盐类加入过多时,会破坏染料胶体状态,从而析出沉淀。

(4) 直接染料在酸性溶液中会分解成色素酸,一般不用于染棉,而用于染毛纤维。

(5) 直接染料的结构中,绝大多数含有偶氮基,当遇到强还原剂时,偶氮基(—N=N—)会分解成氨基(—NH_2),染料被破坏,这时即使用氧化剂氧化,染料也不会恢复原来的颜色。

(6) 直接染料带阴电荷,能与阳荷性的表面活性剂相结合,生成不溶性的化合物。因此,为了提高直接染料的耐洗、耐晒等色牢度,往往利用这个原理,采用阳荷性固色剂进行固色。

二、直接染料染色

(一) 直接染料染色的主要影响因素

染色的主要影响因素有染液的浓度、温度、染色时间、助剂选用及坯布的染前处理等,分述如下:

1. 染液浓度的影响

直接染料染色时染液的浓度会影响染料被纤维吸收的量。当染料浓度增加时,被纤维吸收的染料量有一个最大限度值,再增加染液浓度,染得的色泽并不会相应地加深。

在实际生产中,为了达到一定的色泽,浸染染料的用量以染料与织物质量的百分比来表示。例如 2% 就是指 100 g 织物用 2 g 染料。另外,同时限定浴比(织物与染液质量之比)。如果用等量的染料,浴比大则染液浓度低,得色就浅;浴比小则染液浓度高,得色就深。因此,必须选用适当的浴比。

2. 染色温度的影响

染色温度越高,染料分散程度提高,跑向纤维的动能增加,同时因纤维膨化其内部孔隙增大,便于染料的吸附、扩散,因而上染越快。但当温度升得过高时,由于纤维孔隙过大,染料粒子动能也过大,反而会使纤维上的染料部分地重新返回染液中。因此,染色温度对整个染色过程来说很重要。

3. 染色时间的影响

从生产的经济角度来讲,要求在尽可能短的时间内,达到纤维对染料的最大吸收率,色泽也符合要求。染色时间太短,染料还没有来得及被充分吸收,就会造成浪费。如果染色时间过长,染色已经达到动态平衡,纤维对染料的吸收已达最大限度,延时就再无意义。

4. 染前纤维的影响

纤维本身在水中的物理性状和染料的吸收率也有关系。一般纤维表面的杂质,特别是非水溶性杂质,像棉蜡、果胶质等,会妨碍染料由纤维表面向内部扩散。另外,纤维在水溶液中的溶胀程度和毛细管效应也是影响染料吸收率的主要因素。而纤维的这些物理性状的优劣,在很大程度上取决于织物的染整前处理是否优良。例如对烧毛、退浆、练漂、烘干以及丝光的程度,都有密切关系。

(二) 直接染料染色牢度的提高方法

由于直接染料的水溶特性,直接染料所染的织物的湿处理色牢度很差,为了提高直接染料所染织物的染色牢度,可按照染料的结构特点,进行不同的后处理,称为固色处理。固色处理需要有一定的作用时间,一般在染缸内进行,常用的几种处理方法如下:

1. 阳离子固色剂法

此法能适用于大多数直接染料,是较好的一种固色方法。染上织物的直接染料阴离子,在用固色液进行处理时,遇到带正电荷的阳离子固色剂,互相结合生成较大的分子而沉淀在纤维中,从而提高了湿处理色牢度。其反应通式如下:

$$D—SO_3^- Na^+ + Ar^+ X^- \longrightarrow D—SO_3^- Ar^+ \downarrow + Na^+ X^-$$

（直接染料）　　（固色剂）　　　（结合物）

较常用的固色剂有固色剂 Y 和固色剂 M 两种。固色剂 Y 是一种无色透明的液体,能在热水和 2% 醋酸或蚁酸中溶解。固色剂 Y 与铜盐作用,就可得固色剂 M。固色剂使用时要注意不能用硬水及铁质容器,因为遇强酸、强碱和阴离子助剂会生成沉淀而失去固色能力。因此最好在 pH 值为 5～7 的溶液中固色,不可再经皂煮和碱洗。固色处方如下:

固色剂 Y 或固色剂 M：0.8%～1.2%（对织物重）；

30% 醋酸（HAC）：0.6%～1%（对织物重）；

固色温度：50～65 ℃；

固色时间：20～30 min；

浴比：1：(1.5～2.5)。

固色处理后可直接烘干。固色剂 M 除了能提高皂洗色牢度,也能提高日晒色牢度,但色泽转暗,所以较鲜艳而浅的颜色一般采用固色剂 Y。

2. 金属盐法（适用于铜盐染料）

直接染料分子中具有媒染结构的基团,例如水杨酸基,都可在纤维上用金属盐后处理来提高坚牢度,因为此类染料能与金属形成水溶性较小的稳定金属络合物。但经金属络合后,颜色转暗而不够鲜明。

水杨酸基与铜络合的形式如下:

常用的金属盐是铜盐和铬盐,因为它们的络合物最为稳定,人们把这类染料称为铜盐染料。用铜盐进行后处理不但能提高染料的耐洗色牢度,而且可以提高染料的耐晒色牢度。铬盐处理主要提高水洗色牢度。

此外,稀土离子可与染料形成大分子络合物,起固色作用。

(三) 直接染料染其他织物

黏胶纤维属再生纤维素纤维的一种,染色性质基本与棉相同,所有染棉用的染料都可采用。

黏胶纤维的无定形区较多,易于吸收染液,上染速度快,因此常在染浴中加入匀染剂(如雷米邦 A 0.6 g/L)以获得匀染效果。染浅色时一般不加促染剂——食盐,染深色时可少量分次加入,这对获得匀染效果有一定作用。直接染料染黏胶纤维时,染色方法和工艺流程基本上与棉相同。但由于黏胶纤维具有皮芯结构,其染色与棉又有些不同。黏胶纤维的湿强较低,在水中的溶胀性较大,宜在松式绳状染色机或卷染机上进行染色,一般不宜采用轧染。黏胶纤维的皮层结构比棉的外层更为紧密,阻碍了染料向黏胶纤维内部的扩散,因此,为了将被染物染透,黏胶纤维的染色温度比棉高,染色时间也较长。

直接染料还用于染蚕丝蛋白质纤维。用直接染料染色的蚕丝织物,染色牢度较高,但光泽、颜色鲜艳度、手感不如酸性染料染色的产品。因此,在蚕丝的染色中,除黑色、翠蓝色、绿色等少数品种用直接染料来弥补酸性染料的色谱不足外,其余很少应用。

直接染料染蚕丝可在中性或弱酸性条件下进行,以中性浴染色较多,其上染类似于直接染料对纤维素纤维的上染(吸附和扩散),但染料在纤维上的固着,除范德华力和氢键外,还有离子键。

第三节 活 性 染 料

一、活性染料的化学结构和分类

活性染料分子中含有一个或一个以上的反应性基团(称为活性基团),在适当条件下,能和纤维素纤维上的羟基、蛋白质纤维及聚酰胺纤维上的氨基等发生键合反应,在染料和纤维之间生成共价键结合。活性染料也称为反应性染料。

活性染料制造较简便,价格较低,且颜色鲜艳,色谱较全,自 1956 年开始作为商品染料以来,得到了很大的发展。我国在 1958 年开始生产活性染料,现已成为染色和印花的主要染料之一。

活性染料的化学结构通式可以表示为:

$$S—D—B—Re$$

式中:S 是水溶性基团,一般为磺酸基;D 是染料发色体;B 是桥基或称为联接基;Re 是活性基。

活性基通过桥基与染料母体相联接。有些染料没有桥基，活性基直接联接在染料母体上，有些染料的活性基团中也含有水溶性基。活性染料的结构是一个整体，每个结构部分的变化，都将使染料的各种性能发生变化。

活性基主要影响染料的反应性及染料与纤维成键的稳定性。染料母体对染料的亲和力、扩散性、颜色、耐晒色牢度等有较大的影响。桥基对染料的反应性和染料与纤维成键的稳定性也有一定的影响。

活性染料的皂洗色牢度和摩擦色牢度较高，日晒色牢度随染料母体结构不同而不同，随染色浓度提高而改善。活性染料中，多数品种的耐氯漂色牢度较差，有的日晒色牢度和耐气候色牢度不够理想。活性染料染色时有一部分染料会水解，因此染料的利用率较低，加上活性染料的直接性不高，所以多数用于浅、中色品种的染色。

活性染料的品种多，根据不同的反应性能和应用性能，分为 X 型、K 型、KN 型、M 型、KD 型、F 型、P 型、KE 型、KP 型、PW 型、R 型等。

结构上，活性染料按活性基的反应类型不同，分为均三嗪型、卤代嘧啶基型、乙烯砜型、双活性基型。

双活性基团的染料的出现，使染料的固色率得到较大的提高。因为早期活性染料在印染过程中有水解副反应，所以固色率一般不超过 70%。为了减少水解染料的生成，提高活性染料的固色率，开发了双活性基团的染料，目前主要有两种：①一氯均三嗪和 β-羟乙砜硫酸酯基双活性基型（M 型）；②两个活性基都是一氯均三嗪基（KE 型、KP 型、部分 KD 型）。

二、活性染料对纤维素纤维的染色机理

活性染料的分子结构较简单，并含磺酸基，水溶性良好，在水中电离成染料阴离子，对硬水有较高的稳定性，扩散性和匀染性较好，染色方便。活性染料和纤维反应的同时，还能与水发生水解反应，水解产物一般不能再和纤维发生反应。因此，在染色中应尽量减少活性染料的水解，纤维上的水解活性染料应充分洗除，否则影响会染色牢度。

活性染料和纤维之间生成的共价键的稳定性有一定限度，它与活性基团类型和染料的分子结构有关。活性染料染色与其他种类的染料染色一样，染料首先被吸附到纤维表面，然后扩散到纤维内部，最后进行固着。但活性染料的固着和一般染料不同，活性染料与纤维间形成共价键结合，结合能量比一般的盐式键、范德华力高。

活性染料与纤维间的反应，按活性染料与纤维的反应进程来分，主要可分为亲核取代型和亲核加成型两种。在前一类反应中，纤维素在碱性条件下能形成纤维素负离子（即纤维素-O^-），它是一种亲核试剂，能够发生亲核反应。羊毛和尼龙分子也是如此。同时，溶剂——水也是一种亲核试剂。

（一）均三嗪型活性染料与纤维素纤维的反应

在染料的活性基团上，由于杂环氮原子的存在，改变了环上电子云的分布，使 2、4 位碳原子的电子云密度降低，而氯原子有使碳-氯键极化（$C^{\delta+} \rightarrow Cl^{\delta-}$）的作用，因此 4 位碳原子的电子云密度很低，较易接受纤维素负离子（亲核试剂）的进攻。在进行第一步加成反应时，基质上的碳原子的电子云密度越低，则加成反应越易进行。当环上有两个 C—Cl 键时，环上碳原子的电子云密度比含一个 C—Cl 键时更低，更容易受亲核试剂的进攻，所以二氯均三嗪型活性染料的反应活性比一氯均三嗪型活性染料高。

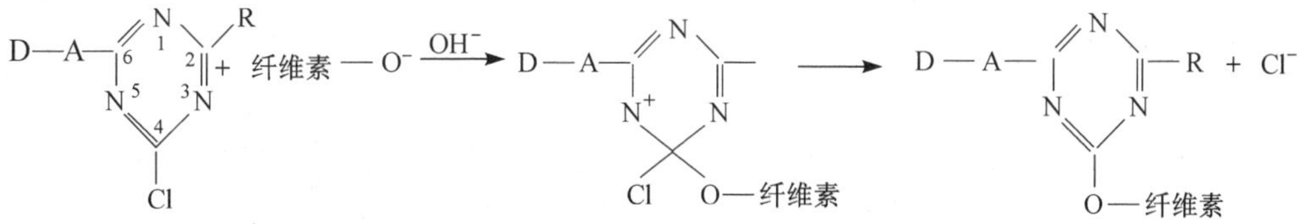

在上述反应中,亲核性加成一般比消除反应进行较慢。

在染色过程中,染料除了与纤维反应外,也能发生水解作用,生成一种羟基化合物而失去反应活性。其水解反应如下:

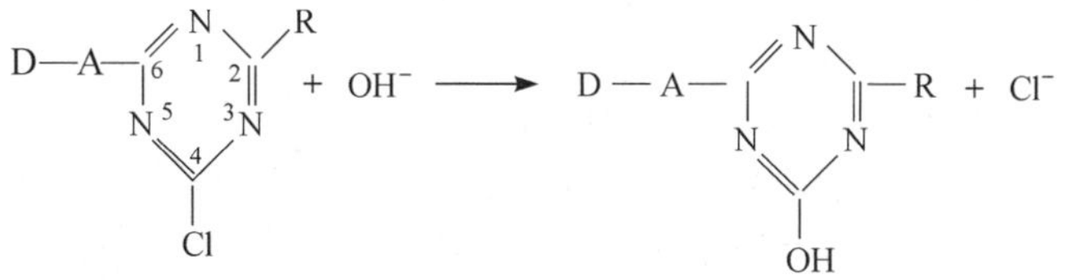

当碱剂加入后,水中的 OH^- 的浓度提高,染料的水解作用加剧。水解染料增多,染料的利用率将下降。

(二)乙烯砜型活性染料与纤维素纤维的反应

乙烯砜型活性染料的活性基是 β-羟乙砜硫酸酯。在碱性条件下,由于砜基的吸电子性,使 α-碳原子上的氢比较活泼,容易离解。又由于硫酸酯的吸电子性,使碳-氢键具有极性,容易断裂,所以会发生消去反应,生成乙烯砜基。其反应过程如下:

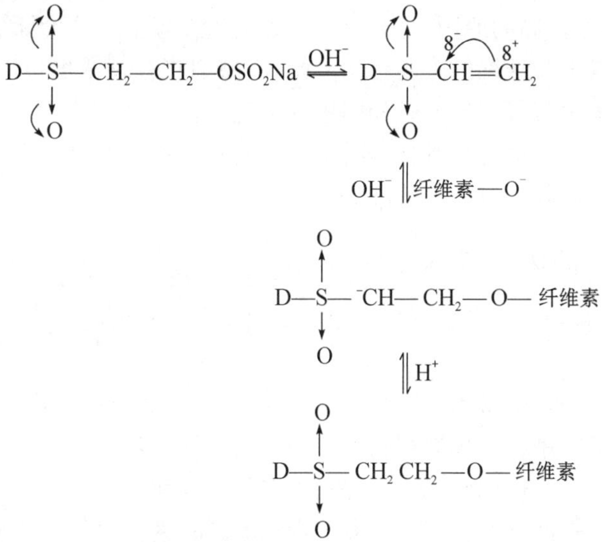

在碱性条件下,乙烯砜型活性染料的水解反应如下:

$$D-SO_2CH_2CH_2OSO_3Na + OH^- \longrightarrow D-SO_2\overset{\ominus}{C}HCH_2OSO_2Na + H_2O$$

$$D-SO_2\overset{\ominus}{C}HCH_2OSO_3Na \longrightarrow D-SO_2CH=CH_2 + Na^+ + SO_4^{2-}$$

$$D-SO_2CH=CH_2 + H_2O \xrightarrow{OH^-} D-SO_2CH_2CH_2OH$$

水解后染料丧失了活性，不能再和纤维发生键合反应。水解染料越多，固着率就越低。虽然在活性染料固色时，键合反应和水解反应同时存在，但在正常的工艺中，键合反应总是比水解反应快得多，占优势。

以普施安艳红 2B 为例，当将吸附着染料的纤维素纤维浸入室温下的纯碱溶液（pH＝11）中时，染料便很迅速地与纤维发生结合。而染料在同样的纯碱溶液中，经 20 min，仅水解 5％左右。

（三）固色时染料的上染

活性染料用浸染和卷染时，常常先在中性染液中染色一段时间，然后加入碱进行固色。如果在中性染液中染色已达到平衡，将碱加入染液后，染料与纤维发生键合反应的同时，染液中的染料会继续上染纤维。图 3-1 所示为活性艳蓝 X-BR 的上染速率曲线，染料浓度 15％，浴比 1∶20，染色温度 20 ℃，固色温度 40 ℃，食盐 50 g/L，染色 30 min 后加入 Na_2CO_3 10 g/L。从图中上染速率曲线可看出，在碱剂加入之前的中性浴染色中，开始上染较快，以后逐渐减慢，染色 30 min 时已接近平衡。此时加入碱剂，上染迅速加快，以后又逐渐减慢，最后达到新的平衡。可见加入碱剂后上染的染料量占有很重要的比例。上染率提高的程度随染料的直接性而不同，直接性高的染料，提高不多，反之则提高较多。

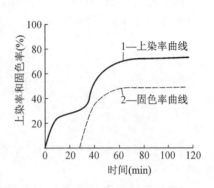

图 3-1　活性艳蓝 X-BR 的上染速率曲线

加入碱剂后上染率提高的原因，是染料与纤维发生反应生成共价键结合，破坏了原来的染色平衡，使平衡向染料上染纤维的方向移动。此外，碱剂在移动浓度以上仍起促染作用，促使染料上染纤维，所以固色阶段包括上染和固色两个过程。

从图 3-1 还可以看出，固色率比上染率低，说明上染纤维的染料并不能全部固着在纤维上，未键合的染料将在后处理过程中被洗除。

三、活性染料染色方法

活性染料染纤维素纤维的方法可分为浸染法和轧染法两大类。

（一）浸染法

活性染料染棉织物时，最常用的染色方法是浸染法，一般都在绳状染色机中进行。除浸染法外，冷轧堆法也是活性染料染棉针织物的一种有前途的染色方法。

活性染料的浸染法又可分为一浴一步法、一浴两步法和两浴法三种。

一浴一步法是在碱性浴中进行染色，即在染色的同时进行固色。这种方法工艺简便，染色时间短，操作方便，但由于吸附和固色同时进行，固色后染料不能再扩散，因此匀染和透染性差。同时，在碱性条件下染色，染浴中染料的稳定性差，染料水解较多。应用一浴一步法染色时，如染毕后及时进行续缸染色，可以利用残浴。

一浴两步法即图 3-1 所示的方法，在染色时可以明显看出，当染浴中加碱后，织物的色泽继续变深。固色时染料继续上染的量与染料的直接性有关，直接性高的染料继续上染量少，直接性低的染料则继续上染量多。

两浴法是先在中性浴中进行染色，上染完毕后再将被染物投入碱性浴中进行固色。两浴法染色具有染浴稳定性高、可以进行续缸染色等优点，但在固色浴中处理时织物上的染料会大量溶落其中，因此得色比其他方法淡。虽然在固色浴中除碱剂外可加入适量电解质，以减少染料的溶落，但得色仍比较淡，所以应用较少。

活性染料染色和固色工艺条件与染料的反应性有密切关系。在最常用的几类活性染料中，反应性强弱次序为 X 型＞KN 型＞K 型。M 型染料的反应性与 KN 型相接近，KE、KD、KP 型染料的反应性与 K 型相接近。在同一类染料中，各种染料的反应性也有差异。下面讨论将这几类活性染料的浸染工艺。

1. 染料的溶解

为了提高上染百分率，活性染料浸染时应尽量选用直接性比较高的染料。活性染料的水溶性好，溶解比较方便。但应该注意，X 型活性染料的稳定性差，需用冷水溶解；KN 型和 M 型活性染料可用 60 ℃左右的热水溶解；K 型活性染料的稳定性好，可用 70～80 ℃的热水溶解。

2. 染色与固色温度

反应性强的染料，上染温度高会促使染料水解，所以 X 型活性染料应采用常温（20～30 ℃）染色。多数活性染料的直接性不高，染色温度太高会使上染百分率下降，但温度太低会造成染料扩散匀染不良。通常，KN 型、M 型、K 型等活性染料采用 40～60 ℃染色。

固色温度取决于染料的反应性。反应性强的 X 型活性染料用常温（20～30 ℃）固色，反应性中等的 KN 型活性染料用 60～70 ℃固色，反应性弱的 K 型、KD 型、KE 型等染料用 80～95 ℃固色，M 型活性染料则用 60～90 ℃固色。有时为了方便工人操作和控制温度，染色和固色取同一温度。

3. 电解质的应用

多数活性染料的直接性较低，浸染时为提高上染百分率，染浴中通常加入中性电解质，如食盐、元明粉等。但电解质的加入会使上染加速而导致染色不匀，因此对匀染性差的染料，电解质应在染色进行一定时间、染液中的染料浓度稍下降后加入，必要时可将电解质分批加入。电解质的用量应根据染料的直接性和染色色泽深浅决定。直接性低的染料，电解质应多加，直接性高的染料则应少加。色泽深浓的，电解质应多加，浅淡色则应少加。

4. 碱剂的应用

活性染料染色后即在碱性条件下固色，固色用碱剂有碳酸氢钠、碳酸钠、磷酸三钠和烧碱等。其中浸染法应用的碱剂常为碳酸钠和磷酸三钠。反应性强的 X 型染料一般用碳酸钠做碱剂，反应性较弱的 KN 型、M 型、K 型染料可用碳酸钠或磷酸三钠做碱剂。此外，由于碱剂会中和反应时生成的酸，固色时要消耗较多碱剂，因此碱剂用量与染料浓度有关。染料浓度高，碱剂应多用一些。

5. 染色的浴比

活性染料的直接性低、匀染性好，因此染色可用较小的浴比。减小浴比有利于染料的上染，也可以减少固色时染料的水解量，能提高染料的固色率。

6. 染色的时间

一浴两步法染色分染色和固色两个阶段。上染的时间应以染料能充分上染为原则，固色时间则应以保证染料与纤维完全作用为准。活性染料的染色和固色时间通常均以 20～40 min 为宜。浅色的染色时间可短些，深色则宜长些。

7. 染后处理

活性染料固色后，织物上存在较多浮色和水解染料，如不去净，会影响染色织物的耐洗色牢度等。因此活性染料固色后必须经彻底后处理，以去除浮色和水解染料。活性染料的染后处理一般先经冷水洗、热水洗，然后进行皂洗。皂洗液中一般不加纯碱，因为有些染料与纤维生成的键在碱性液中沸煮时会断裂，KN 型活性染料最为严重。皂洗液中肥皂用量一般为 3～5 g/L，皂洗时间为 10～20 min。由于皂洗对活性染料的耐洗色牢度的影响很大，因此必须认真进行。

（二）冷轧卷堆法

这种染色方法是将织物浸轧活性染料与碱剂的混合液后打成卷状，并在室温下堆放较长时间，在堆放时染料进行扩散和固色反应，从而完成染色过程。冷轧卷堆法不但设备简单、节省能源，而且卷堆时织物中含水量少，相当于小浴比卷染，加上固色温度低，因此染料水解少，固色率较高。

冷轧卷堆法具有轧染特点，而且堆放温度为室温，所以应该选用直接性较低、溶解性好的染料。直接性高的染料容易造成浸轧槽内染料浓度下降而产生前深后浅的头尾色差。染料溶解时，为提高其溶解度，可加入助溶剂如尿素。

冷轧卷堆法采用室温固色，因此选用的碱剂的碱性应比一般浸染法强，这样也能防止轧槽的 pH 值因织物吸碱而下降。X 型活性染料一般选用纯碱做碱剂，KN 和 M 型在高浓度时应选用磷酸三钠和烧碱混合做碱剂，K 型可选用烧碱做碱剂。

堆放时间取决于染料的反应性，X 型一般堆放 2～4 h，K 型则需堆放 16～24 h，KN 型和 M 型堆放 4～10 h。在堆放时应外包塑料薄膜，以防表面织物风干，同时布卷要缓慢转动。

四、提高活性染料色牢度的方法

染色牢度是衡量染色织物品质的一个重要指标。以 X 型活性染料为例，染料与棉纤维形成共价键结合，按其键合力来说，色牢度没有问题。但是，空气中的酸性气体(碳酸气、硫的氧化物、氮的氧化物等)使活性染料与棉纤维的结合键断裂，造成浮色。有些活性染料如 X-3B 红、X-GN 橙、X-BR 蓝等，形成的键不牢固，容易断裂掉色。活性染料本来不需要外加固色结合物，但是，为了提高色牢度，固色处理是解决掉色、浮色问题最有效的方法。

固色处理用阳离子型固色剂，它与活性染料上的磺酸基结合，在纤维与染料之间发生化学反应，使染料与棉纤维结合得更牢，并且在纤维表面形成封闭的保护层，从而提高活性染料的色牢度。

织物经活性染料染色后，经水洗、皂洗、水洗，洗至无浮色后进行固色处理。例如 Kayafix UR 3%～5%，温度 50 ℃，15 min，浴比 1∶(6～8)。固色后进行水洗，常温水洗两次，每次 10 min，以洗去固色反应中的浮色。

五、活性染料染其他纤维

采用活性染料染蛋白质纤维时，大多选用 X 型活性染料。这种染料染丝绸，可在低温下进行，工艺简便，可保证产品质量，避免用直接染料染色时因温度较高而引起的织物表面擦伤现象。染色时，将丝绸在室温下浸入染浴中，在 15 min 时加入 10～25 g/L 食盐，至 30 min 时再加入 10～25 g/L 食盐，续染 30 min，再以 2 g/L 纯碱固色处理 40 min，最后进行水洗和皂洗。活性染料染羊毛织物,多在弱酸性介质中进行。

第四节　还原染料

还原染料是不溶于水,在碱性强的还原溶液中生成隐色体,溶解后才能染色的染料。还原染料也称为瓮染染料,它的分子结构中含有酮基($>C=O$),染色时,要在碱性介质中还原成为隐色体钠盐而上染纤维,经氧化后回复成为不溶性的染料色淀而固着于纤维上。

还原染料是各项性能都比较优良的染料,皂洗、日晒等色牢度都比较优良,而且色谱较全、色泽鲜艳,所以除了用于染色外,在印花中的应用也较为广泛。但还原染料的价格较高,某些黄、橙等色泽有光敏脆损现象,用于印花的工序也比较繁琐,因而使用时受到一定的限制。

一、还原染料的分类与染色原理

(一)还原染料的分类

还原染料一般可分为两大类。第一类是靛系染料,例如靛蓝染料,结构如下:

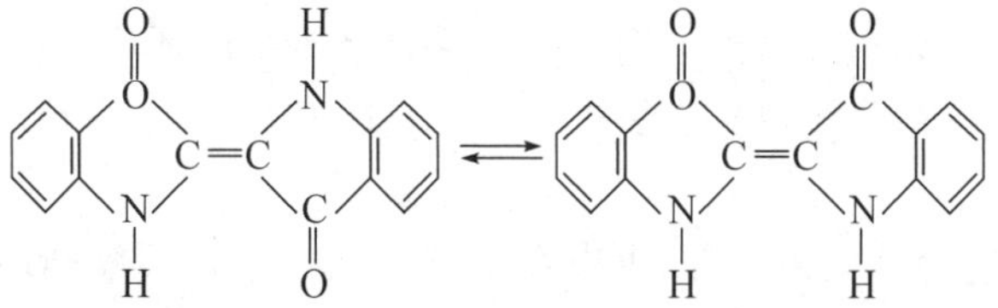

（反式）　　　　　（顺式）

第二类是蒽醌及其他醌类染料,例如蓝蒽酮即还原蓝 RSN,结构式如下:

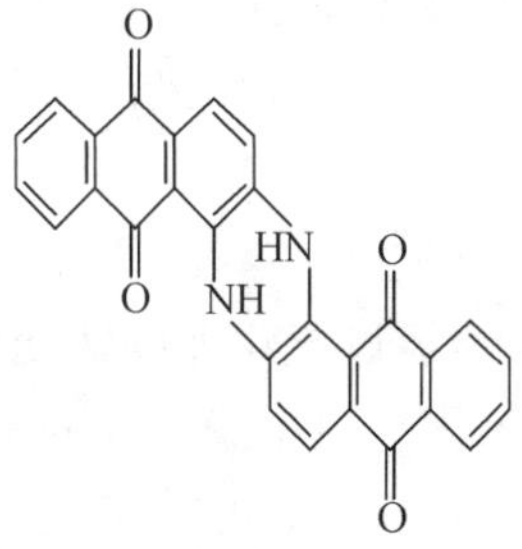

蒽醌类还原染料中,有的分子结构中有酰胺键,在热碱中容易水解,所以还原溶解和染色时要注意碱的浓度和温度不能过高。蒽醌类还原染料中,有一部分染料,如芘蒽酮类和具有咔唑、噻唑等结构的染料,很多都有光敏脆损作用。

(二)还原染料的染色原理

还原染料不溶于水,必须将染料还原成为可溶的隐色体离子,然后进行浸渍染色;染色后经氧化,使织物上的隐色体氧化,恢复成原来不溶性的染料,最后经皂洗等后处理过程。下面就这些过程中发生的变化和反应分别加以讨论:

1. 染料的还原溶解

染料分子的还原发生在羰基上,被还原成羟基,颜色隐褪,称为隐色酸,在碱性溶液中成为钠盐,称为隐色体或隐色体钠盐,具有溶解性。

还原染料还原常用的还原剂为保险粉,它的学名叫连二亚硫酸钠,分子式为 $Na_2S_2O_4$,简写成 H/S。保险粉是一种强还原剂,在碱性条件下具有很强的还原能力,能使所有的还原染料还原。它与还原染料产生还原作用的反应方程式如下:

$$2 \diagup \!\! C{=}O + Na_2S_2O_4 + 4NaOH \longrightarrow 2 \diagup \!\! C{-}ONa + 2Na_2SO_3 + 2H_2O$$

保险粉的性质很不稳定,在有水分存在时,无论在空气中或无空气存在时都会产生分解反应。因此,保险粉必须密闭干燥贮存在阴凉处。在染色过程中,染浴中的保险粉会不断分解。为了保证染浴中有一定浓度的保险粉存在,染色时加入的保险粉用量要远远超过理论用量,而且加入时应该采用分批加入的方法。保险粉分解产生大量酸式盐类,这必然消耗大量烧碱,所以染浴中的烧碱用量也远远超过理论用量。除保险粉外,还原染料还原用的还原剂还有二氧化硫脲,简称 TD。

还原染料还原溶解成隐色体,如处理不当会产生一些不正常的还原现象,如过度还原、脱卤、水解、分子重排、结晶等。这些会导致颜色不良,影响染色正常进行。

2. 隐色体的上染

还原染料隐色体对纤维素纤维染色时,具有上染速率快(特别是初染速率高)、移染扩散性差等特点,因此染色时的匀透性很差。对一些直接性特别高的还原染料,隐色体染色时还会产生环染(即白芯)现象,主要原因是染浴中含有大量电解质(保险粉)和染浴温度(约 60 ℃)较低。

为了使还原染料隐色体染色均匀,可以在染浴中加入适量缓染剂。常用的缓染剂有平平加 O 和牛皮胶。平平加 O 通过与染料隐色体生成不稳定的聚集体,使染浴中隐色体浓度下降而达到缓染目的。牛皮胶通过在染浴中形成保护胶体而使隐色体上染减慢,其缓染作用比平平加 O 差,但对染料的适应性广,多用于不适宜用平平加 O 做缓染剂的染料。彻底解决还原染料隐色体染色造成白芯现象的方法是悬浮体轧染法,但这种方法在棉针织物染色中尚未见应用。

3. 隐色体的氧化

还原染料隐色体上染纤维后,必须经过氧化才能转变成不溶性染料而获得牢固固着。

还原染料隐色体氧化时使用的氧化剂根据隐色体的氧化速度决定。多数还原染料隐色体的氧化速度很快,只要在水洗后经透风过程就可被空气氧化,如还原蓝 RSN、蓝 BC、绿 FFB 等。但有些还原染料隐色体的氧化速度较慢,应采用氧化剂加速氧化,常用氧化剂有过硼酸钠、双氧水或红矾与醋酸等,前面两种的氧化作用比较温和,后面一种的作用比较剧烈。因此,对一些容易过度氧化的还原染料隐色体,如还原蓝 RSN、蓝 BC、蓝 GCDN 和靛蓝等,不能用醋酸红矾氧化。如蓝蒽酮类染料出现过度氧化,色光变绿变暗时,可用稀保险粉溶液处理而加以纠正。靛蓝过度氧化后生成靛红,很难恢复。

4. 氧化后的处理

还原染料隐色体氧化后必须经皂煮,才能获得理想的色牢度和色光。皂煮过程可以去除纤维表面沾上的浮色,从而使染色织物获得应有的耐洗色牢度。皂煮过程还可以改变染色织物的色光。其原因是皂煮可改变染料在纤维内的聚集状态,聚集状态的变化将导致染料色光的变化,因此经皂煮后才能获得稳定正常的色光。此外,皂煮还能提高某些染料的日晒色牢度。但皂煮时间不能过久,否则会使纤维表面的染料结晶增大,这可能导致染色织物的耐洗和摩擦色牢度下降。总之,还原染料染色后的皂煮决不是可有可无,而是提高质量的一个重要过程,必须按工艺要求认真进行。

皂煮前可先用温水洗涤,去除纤维上沾着的残液,以提高皂煮效果。

二、还原染料的染色方法

采用隐色体浸染法染色的整个过程包括染料的还原溶解、隐色体染色、隐色体氧化和染后处理等。其中还原溶解技术复杂,最为关键。

(一) 还原染料的还原溶解

还原溶解有干缸法和全浴法两种。

干缸法是将染料在较少液量中加入保险粉、烧碱进行还原溶解,溶解后再倒入盛有少量保险粉、烧碱的染浴中配成染液。此法的特点是染料还原溶解时液量小,因此保险粉、烧碱的浓度比较高。

全浴法是将染料直接放在染槽中进行还原溶解。采用这种方法溶解时液量大,因此保险粉、烧碱浓度低,适用于还原速度快、容易产生过度还原和水解、结晶等不正常还原现象的染料。还原蓝 RSN 就是一个典型例子。

这两种还原法各有其特点,但在生产中,因干缸法的还原温度可与染色温度不同,而且干缸法还原时不占用染槽,可提高染槽的有效利用率,所以除了不宜应用干缸法还原的情况,还原染料的还原溶解多数采用干缸法。

(二) 隐色体的染色方法

由于染料的结构和染色性能不同,还原染料隐色体的染色方法按工艺分为甲、乙、丙三种。

甲法适用于隐色体对纤维亲和力高、分子聚集倾向大的染料。这类染料隐色体染色时扩散性差,因此匀染是关键。为此,染色时烧碱用量应多一些,以减少隐色体的聚集;此外,染色温度要稍高一些,这有利于染料的扩散。但温度高时保险粉分解多,所以保险粉用量要稍多一些。为了达到匀染,染色时应加入缓染剂。

乙法适用于隐色体对纤维亲和力较低、分子聚集倾向较小的染料。这类染料隐色体染色时扩散速度较快而上染率较低。因为隐色体聚集倾向小,所以烧碱用量比甲法低。为了提高上染率,乙法的染色温度比甲法低,因此保险粉用量比甲法稍低一些。乙法染色时可加适量电解质促染。

丙法适用于隐色体对纤维亲和力更低、分子聚集倾向更小的染料。这类染料隐色体染色时,提高上染百分率是关键,所以染色温度低,烧碱、保险粉用量低,但电解质用量较多。

除以上三种方法外,有的染料还适用于一些特殊的方法。如容易产生分子重排的染料染色时,烧碱用量要比一般情况高一些;还原速率特别慢的染料,干缸温度要高一些;黑色还原染料如要求染黑色需用黑色法,即在 60 ℃下染 15 min,然后在 15 min 内升温至 80 ℃,续染45 min,染色时烧碱、保险粉用量比一般情况下高。

还原染料隐色体染色时,匀染是关键。为了达到匀染目的,染前处理必须均匀,特别是碱缩处理,如碱缩不匀,必然会造成还原染料隐色体染色不匀。此外,染色时,除在初染阶段加强织物与染液的相对运动外,应及时测定染液中的保险粉含量,要求染液始终保持良好还原状态。

(三) 氧化和皂煮过程

氧化方法有空气氧化法和氧化剂氧化法两种。空气氧化法是织物染色后即进行充分水洗,并经轧液和脱水,以减少残液含量,然后在空气中氧化 20～30 min,即可充分氧化。氧化剂氧化法适用于一些难氧化的还原染料。

还原染料隐色体被氧化后,接着进行水洗、皂煮处理。

三、还原染料的染色工艺

为了获得理想的染色效果,在还原染料的染色过程中,必须注意以下几个方面:

烧碱用量要大大超过理论用量,一是中和保险粉分解后产生的亚硫酸氢钠,二是保证染料的充分还原溶解,保持隐色体稳定。染浴中如染料隐色体的聚集倾向较大,则碱浓度可较高,使染料较好地分散,反之碱浓度可低些。

保险粉的用量应比理论用量大 2～5 倍。由于染色时保险粉在各种因素的影响下不断分解,在染色过程中必须适量补充(俗称追加),以保证染料始终在充分还原的条件下上染。保险粉的用量不可不足,否则会产生色浅、色花疵病,且水洗色牢度下降;但不可过多,否则不仅会造成浪费,还会造成色光萎暗。

染色温度随染料种类不同而异。提高染色温度有利于匀染,但有些染料(如还原蓝 RSN)在温度过高时会发生过度还原反应,同时保险粉在高温下不稳定,所以染色温度不宜超过 65 ℃。但个别要在高温下染色的染料,保险粉的用量要适当增加。

染色时间与染料的匀染、染色牢度及上染百分率等均有较大的关系。如染色时间过短,则上染百分率低,匀染效果不足,染色牢度也不良;如果染色时间过长,虽有助于匀染和染色牢度的提高,但会增加保险粉的消耗。从以上两方面考虑,实际染色时间宜为 30～45 min。

电解质用量根据染料隐色体的聚集倾向不同、各种染料对食盐或元明粉的效果不同而定。聚集度小的,染浴中可酌量加入食盐,以提高上染百分率,但食盐用量不宜过多,一般为染物重的 10%～15%。聚集度较大的,上染百分率在一般染色条件下就很高,不需再加食盐。

染色浴比与上染百分率和染化料用量等有关。浴比大,上染百分率降低,有助于匀染,但染化料用量大,反之则相反。还原染料绳状染色采用 1:(20～25)的浴比。

例如,32^{s}棉毛布用还原蓝 RSN 染色的配方、条件及工艺过程如下(布重 80 kg):

(1) 干缸工艺配方及条件:

	头缸	续缸
还原蓝 RSN	5.25%(4 200 g)	3.5%(2 800 g)
烧碱(36°Bé)	3 500 mL	2 500 mL
85%保险粉	1 750 g	1 250 g
温度	60 ℃	
时间	10 min	
染料:水	1:25	

（2）染浴配方及条件：

	头缸	续缸
烧碱（36°Bé）	30 000 mL	7 000 mL
85%保险粉	5 500 g	2 725 g
追加保险粉	2 000 g	2 000 g
温度	60 ℃	
浴比	1∶20	
时间	40 min	

先将染料以干缸法进行还原，待充分还原溶解后滤入染缸，然后将布放入染缸上染。染至 20 min 时，将追加保险粉加入染缸，染色完毕即水洗。染色时必须注意烧碱、保险粉用量是否足够，可以滴定为准。染缸内含碱量应为 6～7 g/L，保险粉的含量不应低于 1.5 g/L。保险粉的用量是否足够可用还原黄 G 试纸试验（迅速变蓝）。

上染完毕水洗后可进行氧化。氧化可用空气氧化，也可用过硼酸钠氧化。氧化工艺配方及条件如下：

过硼酸钠：2～4 g/L	冰醋酸：2～4 g/L
温度：50～70 ℃	时间：0～20 min

氧化完毕后彻底水洗，然后皂煮。皂煮工艺配方及条件如下：

肥皂：3～5 g/L	纯碱：2～3 g/L
温度：90～98 ℃	浴比：1∶（20～25）
时间：10 min	pH 值：10～11

皂煮前后的水洗很重要。皂煮前必须用温水或助剂洗液将织物上的浮色去除，以免在皂煮时这些高度分散的浮色凝聚，附在纤维表面而更难去除。皂煮后要用热水、冷水充分水洗，否则皂洗下来的浮色会重新沾附在织物上，使染色物的光泽变差、水洗色牢度和摩擦色牢度降低。

四、可溶性还原染料

还原染料染色时，配制染液复杂，而且会发生还原过度反应等问题。可溶性还原染料则不存在这些问题。可溶性还原染料在染料厂由还原染料经还原和酯化而生产隐色体的硫酸酯钠盐或钾盐而制成，又名暂溶性还原染料和印地素染料。

可溶性还原染料可溶于水，因此染色十分方便，而且匀染性优，染色后在织物上经过水解和氧化过程即转变成还原染料，所以它具有与还原染料相同的染色牢度和色泽鲜艳度。可溶性还原染料染浴中不加烧碱，因此可用于毛、蚕丝等蛋白质纤维的染色。但可溶性还原染料价格昂贵，染色成本太高，因而很少应用。

第五节　硫　化　染　料

一、硫化染料简介

硫化染料是一种含硫的染料，分子内含有两个或多个硫原子组成的硫键，其分子结构可以用通式（R—S—S—R）表示。硫化染料不溶于水，在硫化钠溶液中，被还原成隐色体而溶解。硫化染料隐色体对纤维素纤维有亲和力，上染纤维后再经氧化，在纤维上重新生成不溶性的染料而固着。

硫化染料制造简便，价格低，水洗色牢度高，耐晒色牢度因染料而异，如硫化黑可达 6~7 级，硫化蓝达 5~6 级，棕、橙、黄等色一般为 3~4 级。但硫化染料的颜色不够鲜艳，色谱中没有好看的红色，绝大部分不耐氯漂。硫化染料染色的织物在贮存过程中纤维会逐渐脆损，其中以硫化元染色织物的贮存脆损现象较为严重。

硫化染料在纤维素纤维的染色中应用较多，主要用于纱线、砂皮布等工业用布以及厚重织物，例如灯芯绒的染色，最常用的品种是硫化元、硫化蓝，其次是硫化绿、硫化棕、硫化黄等。硫化染料也用于维纶的染色。

液体硫化染料是为了方便加工而研制生产的一种新型硫化染料，属预还原的隐色体，与粉状硫化染料相比，其工艺简单、操作方便、质量稳定，而且比还原、活性等染料的成本低、工艺流程短，可用于连续轧染、卷染及溢流染色。此类染料色谱较广，有大红、紫棕、湖绿、银灰等较鲜艳的色泽。

硫化染料不溶于水，但可以溶解在硫化钠、烧碱-葡萄糖、烧碱-保险粉等碱性还原液中。因硫化钠价格低廉，在染色时较烧碱-保险粉耐高温，所以最为常用。硫化染料被硫化钠溶解后，生成隐色体钠盐。这种隐色体在碱性溶液中，对纤维素纤维具有直接性，其直接性的来源主要是氢键和范德华力。

硫化染料隐色体被纤维吸附上染后，经水洗，或在空气中氧化，或用氧化剂氧化，即能显示染料固有的颜色。这些性质与还原染料相似。食盐和温度对硫化染料的上染的影响以及染料在染色后可用金属盐或固色剂固色等，与直接染料颇为相似。

硫化染料遇酸性较强的还原剂（如氯化亚锡、盐酸等）时，染料中的硫键（—S—S—）会分解而还原，放出硫化氢（H_2S）气体。

硫化染料中的多硫键能被空气氧化而生成硫酸或磺酸物。

二、硫化染料的染色原理和染色工艺

（一）染色原理

硫化染料对棉的染色过程和还原染料十分相似，也可分为染料的还原溶解、隐色体的上染、织物上隐色体的水解氧化等过程。

因硫化染料比还原染料容易还原，因此常用还原能力比保险粉弱的硫化钠做还原剂。硫化钠还原硫化染料的反应方程式如下：

$$Na_2S + H_2O \longrightarrow NaSH + NaOH$$
$$R—S—S—R' + 2[H] \longrightarrow R—SH + R—SH$$
$$R—SH + R'—SH + 2NaOH \longrightarrow R—SNa + R—SNa + H_2O$$

硫化染料隐色体对棉纤维的直接性远比还原染料隐色体低，加上硫化染料隐色体和硫化钠的稳定性都比较高，因此可在较高温度下进行染色。

硫化染料隐色体上染纤维后，必须经过氧化过程使它转变成不溶性染料，才能牢固地固着于纤维上。其反应方程式如下：

$$R—SNa+R'—SNa+2H_2O \longrightarrow R—SH+R'SH+NaOH$$
$$R—SH+R'—SH+[O] \longrightarrow R—S—S—R'+H_2O$$

与还原反应情况相同,水解氧化的真实反应情况比上述反应复杂得多。空气中的氧气或者过硼酸钠和醋酸-红矾等氧化剂,都可采用。

(二)染色工艺

硫化染料染色大多数可在接近沸点的温度下进行,这可增强硫化钠的还原能力,同时可减少染料的聚集,提高染料的上染速率。如染淡色,则可在较低的温度(75 ℃左右)下进行。有些硫化染料能在 40～60 ℃之间染色,如一些蓝色、绿色和棕色硫化染料在这样的温度下上染较高温时好。个别染料如硫化亮绿等能在 30 ℃下冷染。应根据染料的染色性能不同,采用不同的染色温度。

硫化染料对棉纤维的亲和力较小,最好采用较小的浴比进行染色,特别是在需要染得较浓色光时,应尽可能采用最小的浴比,染浅色时浴比可大些。

染色时间一般浅色为 25～40 min、深色为 40～60 min。

硫化染料隐色体的氧化比较容易,有的在染色后水洗时即能充分氧化,但也有较难氧化的,需采用氧化剂进行处理。常用氧化剂及处理条件为:过硼酸钠用量 1%～2%,醋酸用量0.2%～0.4%,50～70 ℃, 10～15 min;重铬酸钠用量0.5%～1.5%,66°Bé 硫酸用量 0.5%～1%,25～60 ℃。较为常用的氧化方法是水洗氧化或重铬酸钠氧化。

氧化后,再经水洗,接着进行皂洗处理,皂洗液的处方及条件为:肥皂2～4 g/L,纯碱1～2g/L,10～15 min。染物经太古油处理可改善色光,尤其能增加硫化元的乌黑度,并且有一定的防脆效果。

硫化染料染色织物如染色牢度不够理想,可采用固色剂处理。常用的固色剂有固色剂M,也可用硫酸铜重铬酸钠进行后处理。

某些硫化染料染色的棉织物,如放置时间较长会产生酸性脆损现象,使纤维强力严重降低。防脆处理常采用尿素 0.8%～1%,或磷酸三钠 1%～1.3%,加太古油 5%～5.8%;或醋酸钠 0.2%～0.5%,加骨胶 0.4%～0.6%,加太古油 1.2%～1.7%,在室温下处理3～6 min。以尿素处理的防脆效果较好。近年来研制了防脆硫化元,用这种染料上染的织物不会脆损。

第六节 不溶性偶氮染料

一、概述

不溶性偶氮染料的分子中含有偶氮基,但不含水溶性基团,不溶于水。它是用中间体并以一定的方法在织物上合成的染料。一类中间体是色酚,大多是酚类化合物,俗称纳夫妥(Naphtol);另一类中间体称为色基,属于芳香伯胺类化合物,俗称培司(Base)。

不溶性偶氮染料染色的一般过程是:色酚先用烧碱溶解,然后用一定的方法使它上染织物,这一过程称为打底,故色酚又称为打底剂。色基先用盐酸和亚硝酸钠进行重氮化,制成重氮盐或称显色液,然后加入纤维和色酚偶合,生成不溶性偶氮染料固着在纤维上,这一过程称为显色。色基重氮化和显色时，一般要用冰冷却，所以不溶性偶氮染料又称为冰染染料。

不溶性偶氮染料的给色量高，颜色鲜艳，成本低，皂洗色牢度较高，大多能耐氯漂。耐晒色牢度受染料浓度的影响较大，深色时耐晒色牢度一般在 5 级左右，个别可达 7 级；浅色时耐晒色牢度较低，颜色也不够丰满。所以这类染料一般用于染深色。这类染料的摩擦色牢度，尤其是湿摩擦色牢度较低。除了色酚 AS-G 与色基红 RC 染得的黄色、色酚 AS-SW 与色基红 KB 染得的红色、色酚 AS-OL 与色基紫 B 染得的紫色等少数颜色外，大多不耐煮练，耐过氧化氢的能力也较弱。

不溶性偶氮染料广泛用于纤维素纤维的染色，常用的颜色是橙、大红、紫、酱、蓝、深棕、黑等。此外，也可用一定的方法染维纶、醋纤和涤纶。

二、色酚的化学结构及打底液配制

色酚的化学结构有萘酚基和其他基结构的。常用色酚 AS 的化学结构如下：

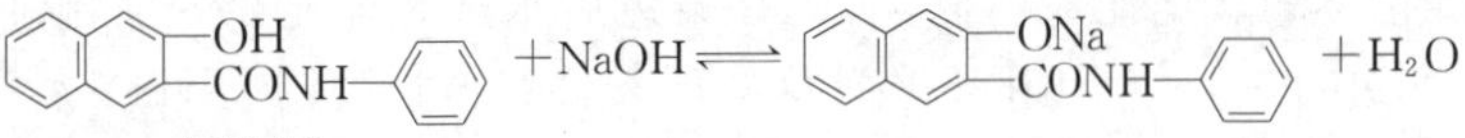

上述反应式是打底液的配制过程中发生的色酚的溶解反应。色酚不溶于水，但可在烧碱溶液中生成钠盐溶解。分子中含有一个羟基的色酚溶解时，色酚用量与烧碱用量的摩尔比应为 1:1。但在实际生产中溶解色酚时，烧碱用量比理论用量高出很多，其原因是色酚是弱酸，它的钠盐是弱酸强碱盐，很容易水解（水解反应即溶解反应的逆反应），烧碱用量增大可以抑制钠盐水解反应的进行，增强色酚钠盐对二氧化碳等酸性气体的耐抗能力，提高色酚浴液的稳定性。通常把超过理论用量部分的烧碱称为游离碱。打底液中游离碱的量一般控制在 3～5 g/L 范围内。游离碱量也不能过多，否则色酚钠盐容易被空气氧化而丧失偶合能力。

不溶性偶氮染料染色有浸染法和轧染法两种。浸染法染色时织物在绳状染色机上进行浸渍打底，打底后经脱水或轧水，然后进行显色。轧染法在连续轧染机上进行，织物浸轧打底后，经烘干后进行显色。

三、色基及其重氮化

（一）色基的化学结构

色基有含氮碱基，均属芳胺类化合物，根据化学结构大致可分为三类：芳胺衍生物、对氨基二苯胺类、对氨基偶氮苯类。例如色基大红 G 的化学结构式如下：

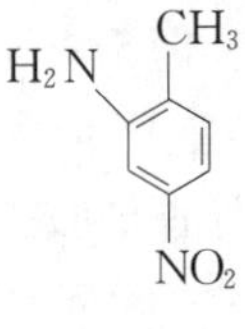

（二）色基的重氮化

色基不能与色酚反应，它必须经重氮化反应生成重氮盐，才能与色酚产生偶联反应，形成不溶性偶氮染料。色基的重氮化过程就是显色液的配制过程。在不溶性偶氮染料染色中,这是一个非常重要的步骤。

色基的重氮化反应采用亚硝酸钠和盐酸,整个反应的方程式如下:

$$Ar—NH_2+2HCl+NaNO_2 \longrightarrow Ar—N \!=\! N—Cl+2H_2O+NaCl$$

反应时盐酸和亚硝酸钠用量超过理论用量,由于重氮化合物不稳定,而且重氮化反应速度较快,因此重氮化反应一般在 0~5 ℃的较低温度下进行。对一些稳定性较高而反应速度较慢的色基,重氮化温度可适当高一些,一般在 10~15 ℃范围内进行。

四、显色及后处理

重氮化合物(色基)与色酚作用生成有色偶氮化合物的反应叫偶联反应。显色过程就是色酚与色基重氮盐产生偶联反应的过程。以色酚 AS 和色基大红 G 为例,其偶联反应的方程式如下:

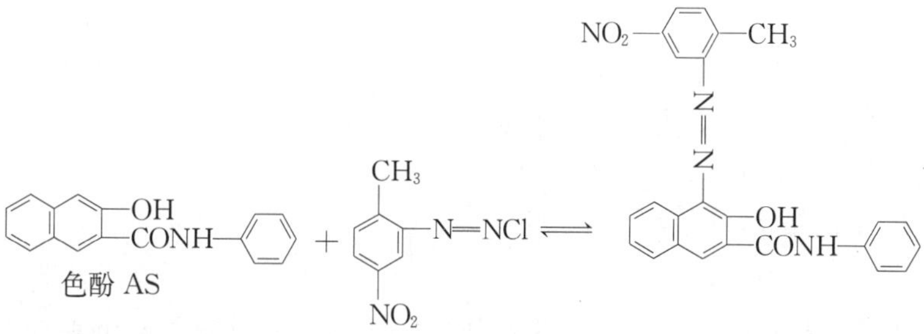

显色后首先要经过冷水洗涤,以去除未作用的重氮盐,如一开始就用热水洗,则重氮盐遇热分解后更难洗去。水洗后即可进行皂洗。

不溶性偶氮染料色基主要是芳胺类化合物,近年来因其安全性,使用受到影响。

第七节 酸 性 染 料

一、概述

能在酸性、弱酸性或中性染液中直接上染蛋白质纤维和聚酰胺纤维的染料,称为酸性染料。其酸性基团绝大多数为磺酸基,少数为羧基,易溶于水,在水溶液中电离成为染料阴离子。酸性染料色泽鲜艳,色谱齐全。

酸性染料和直接染料相比,结构、性能类似,但酸性染料的结构比较简单,缺乏较长的共轭双键和同平面结构,所以酸性染料对纤维素纤维缺乏直接性,不能用于纤维素纤维的染色。

酸性染料中也有一些结构比较复杂的染料,在一定程度上也能上染纤维素纤维。在这种情况下,酸性染料和直接染料便缺乏严格的界限。有的直接染料能很好地上染羊毛,而有些酸性染料对纤维素纤维也能上染(但染色牢度低)。通常,酸性染料以单偶氮和双偶氮为主,直接染料以双偶氮或三偶氮结构为主。

根据酸性染料的化学结构、染色性能、染色工艺条件的不同,酸性染料可分为三类:一类是强酸性染料，要求在强酸性条件下染色，颜色鲜艳，染物的湿处理色牢度较低，一般用于羊毛中、浅色染色；一类为弱酸性染料，一般在弱酸性条件下染色，染物的湿处理色牢度比强酸性染料高，用于羊毛、蚕丝、锦纶的染色；第三类为中性浴染色的酸性染料，在中性或弱酸性条件下即可上染蛋白质纤维。

二、酸性染料的染色原理和染色方法

（一）酸性染料对羊毛的染色

酸性染料染羊毛时，染色所用染料和加工方式，应根据产品用途和染色后的加工工序对染色牢度的影响加以选择。染色后进行缩绒加工的产品，染色时应选用耐缩绒的酸性染料（弱酸性染料或中性浴染料）。

羊毛纤维制品根据品种不同，可采用不同的染色方法。粗纺呢绒一般先染后纺，采用散毛染色，也有织成呢坯后坯染的；精纺花呢一般先染后织，采用毛条或毛纱染色；素色产品则采用织造后匹染。针织用毛纱和绒线一般采用绞纱染色；素色羊毛衫也可成衫后染色。

染液一般处方如下：

染料：	$x\%$（对纤维重）
结晶元明粉：	5%～10%（对纤维重）
96%硫酸：	2%～4%（对纤维重）
pH 值：	2～4
浴比：	1：（20～30）

染色工艺过程：染物于 30～50 ℃入染，以每 1～1.5 min 升温 1 ℃的速率升温至沸，再沸染 45～75 min，然后水洗烘干。

元明粉起缓染作用，并有利于移染，染浅色时，用量应高些。染液中加入阴离子型或非离子型表面活性剂，均有缓染作用，并有利于匀染。染浅色时，硫酸的用量可少些，使上染速率较低，有利于匀染；染深色时，硫酸用量应高些，以获得较高的上染百分率。硫酸可分次加入或初染时应用醋酸，使开始染色时染液的酸性不致过大，以降低上染速率。

强酸性染料上染羊毛的始染温度宜控制在 30 ℃入染，并缓慢升温，以控制上染速率。沸染的时间影响染料的扩散、透染性、上染百分率、移染性及匀染性。沸染时间太短，透染性差，染色初期的上染不匀来不及通过移染而达到匀染，并影响染色牢度。沸染时间太长，有些染料得色浅、色泽萎暗，并且织物易发毛，毛线易毡并。染深色时，沸染时间宜长些。

（二）酸性染料对蚕丝的染色

酸性染料是蚕丝染色的主要染料，丝素对酸的稳定性比羊毛低，在强酸性条件下染色时，蚕丝的光泽、手感、强力都会受到影响，因此不用强酸性染料，大多采用弱酸性和中性浴染色。

染液一般处方如下：

染料：	$x\%$（对纤维重）
扩散剂、渗透剂：	0.2%～0.5%（对纤维重）
（如平平加 O、拉开粉 Bx 等）	
98%醋酸：	0.5%～2%（对纤维重）
pH 值：	4～6
浴比：	1：（20～40）

染色工艺过程:染物于 50～60 ℃入染,以每 1.5 min 升温 1 ℃的速率升温至 70 ℃,再以每 2～4 min 升温 1 ℃的速率升温至 95 ℃,再染 45～75 min,然后水洗。

蚕丝织物一般较轻薄,对光泽要求高,织物经长时间沸染,容易擦伤,光泽变暗,因此一般采用 95 ℃左右的温度染色。与羊毛相比,蚕丝表面没有鳞片层,其无定形区比较松散,在水中溶胀比较剧烈,染料在纤维中的扩散比较容易,上染速率较高,而且温度越高,上染越快,在染色时,一般采用逐渐升温的方法,以提高匀染效果。扩散剂、渗透剂有利于纤维的润湿、膨化及染料扩散,并有缓染和匀染作用。醋酸用来调节染液 pH 值。pH 值根据染料性能及颜色深浅决定。匀染性差的染料,染液 pH 值适当高些,也可用硫酸铵代替部分醋酸,或分两次加入醋酸。匀染性较好的染料,染液 pH 值应低些。染浅色时,染液 pH 值可比染深色时适当提高。染深色及上染百分率低的染料,在染色后期可再加少量硫酸促染,以提高上染百分率。染液中是否加中性电解质可按具体情况决定,例如在染液 pH 值为 5 以上并染深色时,可加 10％～15％(对纤维重)元明粉促染,但元明粉应在染色进行一段时间后加入。

弱酸性染料的移染性低,在染色初期造成的上染不匀不容易通过移染而获得匀染,因此升温速率宜慢些。沸染时间也根据颜色深浅而定,颜色深,染色时间应长。

(三)酸性染料对锦纶的染色

酸性染料是锦纶染色的常用染料,得色鲜艳,上染百分率和染色牢度均较高,但匀染性、遮盖性较差,常用于染深色。

三、其他酸性染料

(一)酸性媒染染料

有许多染料对植物或动物纤维并不具有亲和力,因此不能获得坚牢的颜色,但可用一定方法使其与某些金属盐形成络合物而坚牢地固着在纤维上,这样的染料叫媒染染料或媒介染料,使用的金属盐称为媒染剂。不同的金属盐,可得到不同的颜色,这就是媒染染料的多色性。天然的植物染料大多是媒染染料。

酸性媒染染料含有磺酸基、羧基等水溶性基团,是一类能和某些金属离子生成稳定内络物的酸性染料。酸性媒染染料既是酸性染料,也具有媒染染料的基本结构和性质,能像酸性染料那样上染羊毛。

酸性媒染染料染色时若未用媒染剂处理,湿处理色牢度很差。经媒染剂处理后,在染料、纤维、金属离子之间生成络合物,使染物具有良好的湿处理色牢度。常用的媒染剂是重铬酸钾或重铬酸钠。

酸性媒染染料色谱较全,价格便宜,耐晒和湿处理色牢度都很高,耐缩绒和煮呢的性能也较好,匀染性好,是羊毛染色的重要染料,常用于羊毛的中、深色色,在散毛、毛条和匹染染色中都有广泛的应用。但染色时工艺较复杂,染色时间较长,颜色不及酸性染料鲜艳,常排放出较多的含铬废水。

(二)酸性含媒染料

酸性媒染染料的染色需经染色和媒染两个步骤来完成,所以工艺较繁复。为了应用方便,可事先把某些金属离子以配位键形式引入酸性染料母体中,成为金属络合染料,故称为酸性含媒染料,一般分成 1∶1 型和 1∶2 型两种。前者要在强酸性条件下染色,在国产染料分类中,这类染料称为酸性络合染料。后者在弱酸性或近中性条件下染色，在国产染料分类中，这类染料称为中性络合染料，简称中性染料。

第八节　阳离子染料

一、概述

阳离子染料是一种色泽十分浓艳的水溶性染料，在溶液中能电离生成色素阳离子和简单的阴离子，是含酸性基团的腈纶的专用染料。

阳离子染料易溶于水，更易溶于乙醇或醋酸中。水的温度越高或加入尿素，则染料的溶解度越大。染料溶解良好不但有助于上染均匀，而且能提高染色鲜艳度。

阳离子染料的品种较多，不仅用于腈纶和腈纶混纺织物的染色和印花，而且能用于改性涤纶、改性锦纶等。

由于阳离子染料对腈纶的亲和力高，容易造成染色不匀。近年来开发的迁移性阳离子染料，相对分子质量较小，通常在 230～280 之间，对腈纶亲和力低，扩散速率高，在沸染过程中具有良好的迁移性。这类染料的名称后面标以"M"或"BM"，对于解决某些容易产生色花的难染色泽，如咖啡、豆沙、浅棕、红棕色等，具有特殊的意义。

为了解决腈纶与其他纤维的混纺织物的一浴法染色，研制了分散型阳离子染料。分散型阳离子染料是将阳离子染料与阴离子物质反应，将阳离子染料的阳离子基团封闭，得到不溶于水的分散型液状染料。

二、阳离子染料染腈纶的基本原理

阳离子染料对腈纶的染色主要是由于腈纶分子中的酸性基与阳离子染料的色素阳离子产生离子键结合的结果。其反应式如下：

$$腈纶—SO_3^- + D^+ \longrightarrow 腈纶—SO_3D$$

染色开始时，腈纶表面具有很高的负电位（强酸型的负电位更高），因此染料色素阳离子很快被腈纶表面所吸附，使负电荷得到中和。这种吸附只发生在纤维表面，染料并没有到达纤维内部。随着染浴中温度的提高，当温度达到腈纶的玻璃化温度后，纤维分子链段发生运动，使分子链间的微隙增大、增多，这时染料开始向纤维内部扩散，染色速率显著增加。因为腈纶结构比较紧密，加上染料与纤维间具有较大的电性吸引力，所以染料在纤维内部扩散的阻力较大。也有人认为染料分子是从纤维中的一个个染座向内部扩散的。总之，阳离子染料在腈纶中的扩散需要较高能量，移染比较困难，温度对扩散速率的影响很大。

阳离子染料最终依靠与腈纶生成离子键结合而固着于纤维上，这种结合比较牢固，因此阳离子染料在腈纶上具有良好的坚牢度。

总之，阳离子染料染上腈纶分为吸附、扩散和固着三个阶段，这三个阶段是交替进行的，在扩散完成后染料即获得牢固的固着。

三、阳离子染料染腈纶的染色特征

(一)阳离子染料染腈纶的染色饱和现象

腈纶中第三单体的含量很低,因此酸性基含量有限。当纤维上的酸性基都被染料阳离子吸附(即染座均被占满)以后,再增大溶液中的染料量,染料也不能再被纤维吸附,这种现象称为染色饱和现象。腈纶能够吸附阳离子染料的最大量称为染色饱和值,其数值大致和纤维上的酸性基含量相当。当染色达到饱和值后,再增大染浴中染料浓度,纤维上的染料浓度仍保持不变,因此腈纶的染色饱和值是腈纶染色的一个重要性能指标。腈纶的染色饱和值随染色用染料不同而各异。

(二)阳离子染料染腈纶的拼染现象

阳离子染料上染腈纶属于定位吸附,初染率很高,而移染性能很差,因此拼染时必须考虑阳离子染料相互之间的竞染性或配伍性能。配伍性表示拼色染色时各染料的上染速率相近。决定染料配伍性能(或称为相容性)的主要因素是亲和力和扩散速率。同一价数的阳离子染料,其亲和力与扩散系数的乘积可以作为染料配伍性能的量度。比如,亲和力大而扩散系数小的染料(即大量吸向纤维表面而向纤维内部扩散很慢的染料),与亲和力小而扩散系数大的染料(即吸向纤维表面的量小而向纤维内部扩散很快的染料)相拼,最终染至纤维上的染料相对量近似。但实际上仍以亲和力和扩散系数均相近的染料进行拼染的效果为最佳。

不仅阳离子染料之间有配伍问题,染色时加阳离子缓染剂也存在配伍问题,应视染料对纤维的亲和力选用适当的缓染剂。缓染剂的亲和力过高会过分延长染色时间,亲和力过低则达不到应有的缓染效果。

四、阳离子染料染腈纶的匀染性和工艺

阳离子染料染腈纶时,由于吸附速度很快,容易造成吸附不匀,而且在玻璃化温度以上的温度下染色速率迅速增大,升温过速很容易造成上染不匀。此外,阳离子染料与腈纶间的结合力很强,扩散困难,移染性差,所以一旦上染不匀,就很难依靠移染来获得匀染。由于上述原因,阳离子染料染腈纶时,匀染是关键问题。为此染色时必须采取一系列措施,合理选定染色工艺,以确保染色获得匀染效果。

pH 值可控制腈纶分子中酸性基的电离,因此降低染浴的 pH 值可以使阳离子染料的上染速率减慢,对弱酸型腈纶作用比较显著。为了获得匀染,将染浴 pH 值控制在 4～5 的弱酸条件下最为合适。

在腈纶染色中,升温速度开始可以快一些,当染色温度达到玻璃化温度时,应把升温速度减慢,且温度愈高,升温速度愈慢,这样可以避免上染速率突变而造成染色不匀。通常采用分段升温法,在玻璃化温度以下为升温快的阶段,高于玻璃化温度为慢速升温阶段,当接近沸点时进入更慢速的升温阶段。在升温速度改变的每一转折点上可保温染色一定时间,以提高匀染效果。

分段升温法在实际生产中不易做到准确控制和加温均匀。恒温染色法是选择一个合适的恒温染色温度,在玻璃化温度以上、沸点以下,选择一个上染速率变化不是很大的温度,然后在此温度下恒温染色 45～90 min,待染料大部分上染后再升温至沸,沸染一定时间。此法操作

容易控制，染色时间也短。阳离子染料染腈纶时，升温至沸后必须沸染 30～50 min，这样才能保证染料渗透良好，否则会造成环染现象，影响染色牢度。

阳离子染料染腈纶，为了获得匀染，可在染浴中加入缓染剂。阳离子染料染色用缓染剂有阳离子缓染剂和阴离子缓染剂两大类。阴离子缓染剂与染液中阳离子染料缔合，控制吸附速度而缓染。阳离子缓染剂相当于无色阳离子染料，多数属季铵盐类化合物，能上染腈纶，因此能与染料阳离子争夺腈纶上的染座，使染料上染延缓，在沸染过程中能逐渐被染料阳离子替代，一般不影响上染率，但会有一部分缓染剂阳离子保留在染座上，因此在计算染色饱和值时应该把缓染剂考虑在内。染浅色时因染料总用量低，阳离子缓染剂可以多用一些；染深浓色时，染料总用量已经很多，缓染剂只能少用甚至不用。

阳离子染料的浸染工艺如下：

染色配方：

阳离子嫩黄 7 GL 500%：	0.12%
阳离子艳红 5 GN 250%：	2.4%
醋酸(98%)：	2.5%
醋酸钠：	1%
无水硫酸钠：	8.0%
匀染剂 TAN：	0.5%
浴比：	1∶20

先将染料用醋酸打浆，再用热水冲开，在染缸中注水，调好浴比，并导入织物；然后依次加入硫酸钠、醋酸钠、醋酸(调 pH 值)、匀染剂和溶好的染料，开始升温并进行阶段保温；最后缓慢降温，冲洗出机。为了保证染物手感柔软，最好在染色后用柔软剂处理。大多数阳离子匀染剂本身即具有柔软作用。

第九节　分　散　染　料

一、概述

分散染料是一类分子较小(相对分子质量为 200～500)、结构比较简单的染料，不含可电离基团，只含少量羟基、氨基、硝基等极性基团，属于水溶性很低的非离子型染料。

早在 20 世纪 20 年代初，为适应醋酯纤维的发展，分散染料出现在市场上，当时称为醋纤染料。随着聚酰胺、聚丙烯腈、三醋酯纤维特别是聚酯纤维的发展，分散染料得到了迅速的发展，目前已成为合成纤维特别是聚酯纤维染色和印花的主要染料。

二、分散染料的结构和性能

分散染料在化学结构上有单偶氮型、双偶氮型和蒽醌型三类，分子结构都较简单，具有微量的水溶解度。溶解度随染料分子中疏水部分的减少和亲水部分的增加而增加。

分散染料的溶解度与温度有关，如常温时溶解度为 0.1～10 mg/L，80 ℃时为 0.2～100 mg/L，100 ℃时为 80 ℃的 1 倍，130 ℃时又增加 10 倍。

为了使分散染料良好地分散悬浮在水溶液中,需将染料制成直径为 $0.5\sim2~\mu m$ 的微粒,并需加入一定量的分散剂和稳定剂。

很多分散染料在温度达 160 ℃即可升华,涤纶纤维如果用热熔法染色,或者染色后要经过热定形、压烫等整理工序,必须选择升华色牢度较高的染料。

染料分子中极性基多可使染料升华色牢度提高,但往往使日晒色牢度降低。染料分子加大,也能提高染料升华色牢度,但染料的扩散性能降低。染料扩散性能直接影响它的匀染性能。

同一种分散染料上染不同合成纤维时,颜色的鲜艳程度往往不同。这种现象可能与分散染料在不同纤维中的存在状态有关。鲜艳度由高至低的顺序为:二醋酯纤维>尼龙>三醋酯纤维>涤纶>腈纶。不同色调的分散染料所表现的程度也有差异。比如红、桃红、猩红、蓝色的差异较大,黄色的变化不多。有些分散染料与空气中的氧化氮、臭氧、亚硫酸等气体接触时,会被氧化或还原而发生变色或褪色。氧化褪色不可逆,还原褪色则可逆。所谓烟褪性多指氧化氮的褪色性能。

三、涤纶用分散染料染色方法和原理

涤纶属于热塑性纤维,它的 T_g(玻璃态转变温度)随纤维结晶度增加而提高。在水中时,少量水分子进入纤维,也发生微小的增塑作用,T_g 降低。纤维经热处理,使纤维的微结构发生变化,T_g 也随之改变。当涤纶加热至 T_g 以上的温度时,纤维无定形区内的分子链段发生运动,纤维分子间的微隙(即自由体积)增多和增大,上染速率显著提高。由于涤纶的结构紧密,T_g 较高,故需要在较高的温度下染色,如采用高温高压法及热熔法,这就要求使用的染料在此染色条件下较为稳定,不分解、不变色,有较高的耐升华色牢度。

在染液中加入能促使涤纶增塑、溶胀、降低 T_g 的助剂(即载体),则在较低温度时染料就能较好地上染纤维和扩散进入纤维内部,这就是分散染料染涤纶的另一途径——载体染色法。

涤纶染色的主要染料是分散染料。此外,不溶性偶氮染料、缩聚染料和特殊的活性染料,也能在一定条件下用于涤纶的染色。

(一)高温高压法染色原理和染色方法

高温高压法是涤纶(尤其是纯涤纶)织物的主要染色方法。高温高压法染色得色鲜艳、匀透,可染浓色,织物手感柔软,适用的染料品种比较广,染料利用率较高,但它为间歇生产,生产效率较低,需采用压力染色设备。

高温高压法染色的特点是涤纶在 130 ℃左右的温度下进行染色。

(二)热熔法染色原理和染色方法

热熔染色是连续生产,生产效率高,适宜于大批量生产,能染浅、中色,染料利用率比高温高压法低,特别是染深浓色时,对染料的升华色牢度要求较高,染色时织物所受张力较大。热熔染色主要用于涤纶机织物的染色,目前是分散染料染涤/棉混纺织物的主要方法。

热熔染色是干热升温,由于温度高,纤维无定形区的分子链段运动剧烈,形成较多、较大的瞬时孔隙,轧染嵌入织物的染料颗粒解聚或发生升华,形成染料单分子而被纤维吸附,并能迅速地向纤维内部扩散。

热熔时,没有水的增塑溶胀作用,且热熔时间较短,所以热熔温度比高温高压染色温度高,

约在 170~220 ℃。

热熔染色法工艺举例如下:

染液组成:

分散染料: x g/L

抗泳移剂: V g/L

润湿剂: 0~1 g/L

醋酸或磷酸二氢铵: 调节 pH 值至 5~6

工艺流程及条件:浸轧→预烘干→热熔(170~215 ℃,1~2 min)→后处理。

用热熔法染色,拼色时所用染料的升华牢度要接近,染液内可加入抗泳移剂,但不能影响染液的稳定性,含固量要低,不妨碍染料向纤维内部扩散,受热不分解,易洗除,对色光没有影响,不沾黏辊筒。

染液内可不加或加很少量的润湿剂,否则会影响色泽鲜艳度和得色。

染液 pH 值控制在 5~6 时,色光鲜艳;pH 值高,得色淡而萎暗;pH 值过低,得色也较淡。可用醋酸或磷酸二氢铵调节 pH 值。

在热熔温度和时间这两个因素中,温度对固色率和扩散的影响是主要因素,采用较高温度和较短时间比采用较低温度和较长时间有利,常用的热熔时间是 1~2 min。热熔后织物应冷却,落布温度宜在 50 ℃以下,最好在热熔室后安装冷却装置(如吹冷风,冷却辊筒)。热熔后还要经过一定的后处理,以去除纤维表面的浮色。

(三)载体染色法的染色原理和染色方法

在染液中加入一些称为载体或携染剂的助剂,使分散染料在温度为 100 ℃左右就能较好地染入涤纶,可以采用常用设备在常压下进行染色。

载体大多是一些简单的芳香族化合物。载体的作用原理有两种:一是载体对纤维有较大的亲和力,载体进入纤维时,将水分子导入纤维,引起纤维增塑溶胀,使纤维的玻璃态转化温度降低。载体附载分散染料,吸附在纤维表面的载体可溶解较多的染料,使纤维表面的染料单分子浓度增加,提高纤维表面和内部的染料浓度差,因此促进染料扩散。二是载体和染料相互作用形成复合物,此复合物的溶解度比染料本身高。载体的用量应适当,过多会使上染率下降。因此,理想的载体浓度应使载体在染浴中刚刚达到饱和而不形成第三相。将织物在一定浓度的载体溶液中处理,还可获得剥色效果。

载体染色可以在 100 ℃左右的温度下、用普通的常压染色设备进行。载体染色的操作比较繁复,染色时间较长,匀染性较差,染色后纤维上的载体常不易完全去除,会降低耐晒色牢度,并且有些载体有臭味和毒性,所以载体染色所占的比重日趋减少。

可以用作载体的物质很多,有邻苯基苯酚(膨化剂 OP)、对苯基苯酚、联苯、氯苯(二氯苯及三氯苯)、甲基萘、水杨酸甲酯等。

四、分散染料对其他纤维的染色

分散染料除了染涤纶外,还大量用于醋酯纤维的染色,有时也用于聚酰胺和聚丙烯腈纤维的染色。随着纤维结构和性能的变化,适用的分散染料应有所不同。用于染二醋酯纤维和聚酰胺纤维的分散染料的亲水性比染涤纶的要高一些。

第十节　混纺及交织产品的染色

混纤纺织品是指采用两种或两种以上不同性质的纺织材料所制成的纺织品,包括混纺和交织。混纺产品的色彩效果有双色或多色效果、同色效果、留白效果等。混纺产品染色根据各种纤维的染色性能的异同点合理兼顾,解决它们在性能上的矛盾,选用合适的染料,制订合理的工艺来完成加工任务。

一、染料的选择

这是混纺、交织物染色中的关键问题。对要求染得同一色泽的品种,应根据下列原则选择染料:

如一种染料能够上染混纺组分中的两种纤维,且在两种纤维上具有比较相近的色光和染色性能,则可用一种染料进行染色。如一种染料虽能上染两种纤维,但在两种纤维上的染色性能和色光差异较大,则可用这种染料染色后,对其中得色较淡的一种纤维用一种只能上染这种纤维的染料进行套染,以纠正色差和色光差异,从而使两种纤维得色一致。此外,也可选用两种只能分别上染混纺组分中的一种纤维、而对另一种纤维沾色极少的染料,分别上染两种纤维,以获得均一色泽。

对于要求染得留白的品种,可选用只能上染混纺组分中的一种纤维、而对另一种纤维基本不产生沾色的染料进行染色。当要求染得多色或闪色效应时,应选用两种只能上染混纺组分中的一种纤维、而对另一种纤维沾色极少的染料分别染两种纤维,这两种染料应具有两种明显不同的色泽。

二、染色方法

当应用两种染料对混纺、交织物染色时,可采用一浴一步法、一浴两步法或二浴法。一浴一步法即将两种染料放在同一染浴中进行染色。应用这种方法必须要求两种染料在同浴中不产生沉淀(或适量加入抗沉淀的分散剂),同时要求其染色工艺比较接近。这种方法操作简便、工艺简单、成本低,是混纺、交织物理想的染色方法。但是由于它对染料的选择要求高,实际应用时有很大的局限性。

一浴两步法是先用一种染料染其中的一种纤维组分,待此种染料基本上染后,在染浴中加入另一种染料对另一种纤维组分进行染色。采用这种方法,染料之间的相互影响较小,两种染料的染色工艺也互不干扰,染色操作比较方便。

二浴法是先用一种染料对混纺、交织物中的一种纤维染色,然后在另一染浴中用另一种染料染另一种纤维。采用这种方法染色时,两种染料完全不产生干扰和影响,但工艺过程很长,操作繁复,工效较低。

染色时具体选用哪种方法,应根据使用染料和被染色纤维决定。

此外,染浴温度、染浴 pH 值、助剂都会影响混纺、交织物染色,可作为调节参数控制上色。

由上述可见,混纤产品的染色工艺比纯纤维纺织品复杂得多,而纺织品混纤化由于性能优越和时尚需要会越来越多,为解决这一矛盾,新型染色方法已得到应用,例如涂料染色方法。

涂料染色方法不考虑纤维染色性能,上色涂料由颜料、黏合剂、交联剂、防泳移剂、柔软剂等组分构成,黏附于纤维而形成颜色。涂料染色工艺简单,用水量少,织物也具有一定的特殊风格。

涂料染色工艺流程:涂料工作液配制→织物浸轧→预烘→焙烘→成品,即可获得涂料染色的有色成品。

复习要点:

1. 染料与颜料的区别,织物染料的种类与标记。

2. 染料在染色过程中进入纤维并获得染色牢度的上染过程及相关概念,如直接性、平衡百分率、孔道模型等。

3. 活性染料、还原染料、分散染料、阳离子染料等的染色、固色原理。

思考题:

1. 什么是染料和颜料?

2. 染色牢度指的是什么?其影响因素有哪些?

3. 加硫酸钠对强酸性染料染羊毛有什么作用?为什么?

4. 加硫酸钠对中性浴弱酸性染料染羊毛有什么作用?为什么?

5. 描述染料对纤维的上染过程,什么是平衡上染百分率?

6. 为了达到一定的耐洗色牢度,直接染料、活性染料、还原染料、酸性染料、分散染料、阳离子染料是怎样固着在纤维上的?

7. 用自由体积模型解释分散染料热熔法染涤纶的原理。

8. 描述活性染料染棉织物的染色原理,染色时为什么要加盐?起什么作用?

9. 什么是还原染料?还原染料染色中氧化和皂煮起什么作用?

10. 腈纶纤维的染色饱和值取决于哪些因素?

11. 腈纶纤维在染液中带什么电荷?用什么染料染色?染色时为什么要用缓染剂?

12. 试计算一染浴的配制体积和染料用量:织物 0.5 kg,浴比 1:20,染料对织物重 2%。

13. 活性染料在纤维上发生固色反应需加入的化学药剂类型是(   )。

    A. 碱   B. 酸   C. 氧化剂   D. 还原剂

14. 分散染料与涤纶之间主要依靠下述哪种力结合?(   )

    A. 电荷引力   B. 大量氢键力   C. 范德华力   D. 共价键

15. 分散染料染涤纶时常采用哪三种染色方法?指出其染色时采用的温度范围,说明其原因。

第四章　纺织品印花

本章导读: 了解印花与染色的不同、各种印花方法的特点和应用、印花色浆的成分和各成分的作用、主要印花设备及其应用特点。

第一节　印　花　概　述

纺织品印花是在纺织品上局部施加染料或颜料,从而获得有色花纹图案的加工过程。印花是局部染色,为了防止染液的渗化,保证花纹清晰精细,必须在染液中加入原糊制备成稠厚色浆再进行印制。传统印花过程包括图案设计、花筒雕刻(或筛网制版)、色浆调制、印制花纹、后处理(蒸化和水洗)等工序。

印花色浆一般由染料或颜料、糊料、助溶剂、吸湿剂和其他助剂组成。印花浆稠厚,所以印花时要尽可能选择溶解度大的染料,或添加助溶剂。另外,由于色浆中存在糊料,染料对纤维的上染过程比染色时复杂,一般染料印花后采用蒸化或其他固色方法来促进染料的上染。最后印花织物要进行充分的水洗和皂洗,以去除糊料及浮色,改善手感,提高色泽鲜艳度和牢度,保证白地洁白。

纺织品印花主要是织物印花。散纤维、纱线、毛条也有印花,纱线印花可织出特殊风格的花纹,毛条印花可织造成具有闪色效应的混色织物。

一、印花方法工艺分类

印花方法按传统工艺主要有以下三种:

(一) 直接印花

直接印花是将印花色浆直接印在白地织物或浅地色织物上,从而获得各色花纹图案的印花方法。其特点是印花工序简单,适用于各类染料,故广泛用于各类织物的印花。

(二) 拔染印花

拔染印花是在织物上先染色后印花的加工方法。印花色浆中含特殊物质,称为拔染剂。拔染剂能破坏地色染料的发色基团而使之消色,印花后经处理,使印花处的地色染料破坏,最后将其从织物上洗去。印花处成为白色花纹的,称为拔白印花;如果含拔染剂的印花色浆中还含有一种不会被拔染剂所破坏的染料,则在破坏地色染料的同时,色浆中的染料上染,从而使印花处获得有色花纹的,称为色拔印花。拔染印花能获得地色丰满、轮廓清晰、花纹细致、色彩鲜艳的效果,但地色染料的选择受到一定限制,而且印花周期长、成本高。

(三) 防染印花

防染印花是在织物上先印花后染色的加工方法。印花色浆中含有能破坏或阻止地色染料上染的化学物质(称为防染剂),印花处的地色染料不能上染织物,织物经洗涤,印花处呈白色花纹的,称为防白印花;若防白时印花色浆中还含有与防染剂不发生作用的染料,在地色染料上染的同时,色浆中染料上染印花处,则印花处获得有色花纹,这便是色防印花。防染印花所得的花纹一般不及拔染印花精细,但适用于防染印花的地色染料品种较前者多。

除了以上传统印花方法,还有防印印花,是在印花机上通过罩印地色进行的防染或拔染印花方法。

二、印花方法及设备分类

织物上的印花图案需由印花设备将色浆送至指定处来实现,根据色浆的传递方法,印花方法分为以下几种:

(一)滚筒印花

滚筒印花由滚筒印花机实现,有凸纹滚筒印花机和凹纹滚筒印花机两大类。

凸纹滚筒印花机又称阳纹滚筒印花机,起源于古代的木模印花法,花纹凸出。阳纹滚筒印花机就是把木模改成金属凸纹滚筒,可以连续生产。阳纹花筒主要用于毛条印花,一般用黄铜或不锈钢制成,花纹常为条形,通常在花筒上刻有成 $15°\sim45°$、相间隔的凸形斜条,其宽度根据需要而定。

凹纹滚筒印花机又称阴纹滚筒印花机,简称滚筒印花机,是目前广泛应用的印花机。它由进布装置、印花机头、衬布和印花布烘燥装置、出布装置等部分组成,有时还设有衬布的洗涤装置。凹纹滚筒印花机机头的形式分为放射式、立式、倾斜式和卧式等,以放射式最为常用。

滚筒印花的主要特点是印制的花纹轮廓清晰、地色丰满、生产效率高、成本低,适合于大批量的生产。但色泽不如筛网印花浓艳,而且操作强度高、机械张力大,不适合轻薄及易变形织物如丝织物和针织物的印花,同时受花筒个数和花筒圆周长的影响,印花的套色数和图案尺寸受限制,其利用率近几年呈下降的趋势。

(二)筛网印花

筛网印花是目前应用较普遍的一种印花方法,来源于古代的镂空版印花。筛网是主要的印花工具,有花纹处呈漏空的网眼,无花纹处网眼被涂覆,印花时,色浆被刮过网眼而转移到织物上。

筛网印花的特点是对单元花样尺寸及套色数的限制较少,花纹色泽浓艳,印花时织物承受的张力小,因此,特别适合于易变形的针织物及化纤织物的印花。但其生产效率比较低,适宜于小批量、多品种的生产。

根据筛网的形状,筛网印花可分为平网印花和圆网印花。平网印花的筛网为平板形,印花机有三种类型,即网动式平网印花机(又称台板印花机,有手工和半自动之分)、布动式平网印花机和转盘式平网印花机。圆网印花机与平网印花机的不同之处在于其筛网为圆筒形,圆网由金属镍制成,网孔呈六角形。根据圆网的排列方式,圆网印花机主要有卧式、立式和放射式等机型,其中以卧式圆网印花机的应用最广。

卧式圆网印花机的基本构成与布动式平网印花机相似,如图 4-1 所示。印花时,圆网在织物上以固定位置旋转,织物随循环运行的导带前进。印花色浆经圆网内部的刮浆刀的挤压,透过网孔而印到织物上。圆网印花采用自动给浆。全部套色印完后，织物进入烘干设备。

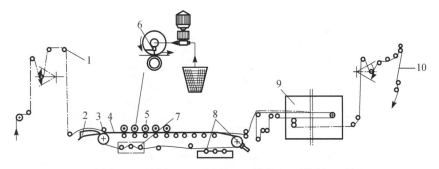

1—进布架；2—预热板；3—压布辊；4—导带；5—圆网；6—刮刀；
7—导带整位辊；8—导带清洗装置；9—烘房；10—落布架

图4-1　卧式圆网印花机

圆网印花具有劳动强度低、生产效率高、对织物适应性强等特点，能获得花型活泼、色泽浓艳的效果，但对云纹、雪花等花型的印制有一定限制，花型尺寸也受到圆网周长的限制。

（三）转移印花

转移印花是一种较新颖的印花方法，它改变了传统滚筒和筛网印花的概念，先用印刷的方法将花纹用染料制成的油墨印到纸上，制成转移印花纸，然后将转移印花纸的正面与被印织物的正面紧贴，进入转移印花机，在一定条件下，使转移印花纸上的染料转移到织物上。目前，气相转移印花（又称升华转移或热转印法）的应用成熟，它特别适用于涤纶织物，能印制其他印花方法无法印制的艺术性高、轮廓精细、层次多的图案。加工中将分散染料调制成油墨，把油墨印到纸上形成花型图案，制成转移纸或转印纸。转印纸可以存放，随时使用，适应性强，印后织物不需进行洗涤等后处理，无污水和污染等问题。

转移印花的图案花型逼真、花纹细致、加工过程简单，特别是干法转移印花无需蒸化、水洗等后处理，节能且无污染，但存在废纸处理、染料利用率低、色谱不全、还不太适用于纯棉和再生纤维素纤维纺织品印花等缺点。

例如涤纶织物转移印花的工艺过程为：染料调制油墨→印制转印纸→热转移→印花成品。

通过200 ℃左右的高温，一方面使涤纶的非晶区中的链段运动加剧，分子链间的自由体积增大；另一方面，染料升华，由于范德华力的作用，气态染料运动到涤纶周围，然后扩散入非晶区，达到着色的作用。

转移印花的工艺条件取决于纤维材料的性质和转移时的真空度。在大气压条件下，各种纤维织物的转移温度和时间为：涤纶织物，200～225 ℃，10～35 s；涤纶变形丝织物，195～205 ℃，30 s；三醋酯纤维织物，190～200 ℃，30～40 s；锦纶织物，190～200 ℃，30～40 s。在真空度为8 kPa的真空转移印花机上，转移温度可降低30 ℃，因为在真空条件下染料的升华温度降低。转移温度降低可使织物获得较好的印透性和手感。

转移印花设备有平板热压机、连续式转移印花机和真空连续转移印花机。平板热压机是间歇式设备，转移时织物与转移印花纸正面相贴放在平台上，热板下压，一定时间后热板升起。

连续式转移印花机能进行连续生产，机上有旋转加热滚筒，织物与转移纸正面相贴一起进入印花机，如图4-2所示。大滚筒内抽真空，使转移印花在低于大气压的条件下进行，就形成真空连续转移印花机。

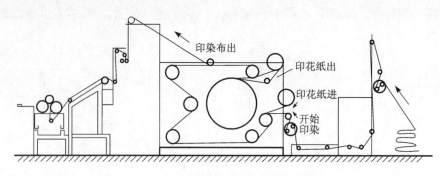

图 4-2　连续式转移印花机

(四) 喷墨印花

喷墨印花又称喷射印花、喷液印花，其原理与纸质材料的喷墨打印机同。它是集机械、电子、信息处理设备为一体的高新技术印制方法，基本装置包括电子计算机和大量微型喷嘴。

花样经过高分辨能力的电视摄像机扫描，分解成电子脉冲，将扫描器输出的数据输入电子计算机，并将图案在彩色荧光屏上显示，设计者可通过电子校正系统加以修改，图案确定后，再转移到磁盘上。印花时，电子计算机控制机器上各个微型喷嘴的开关，染液通过喷嘴在织物上形成图案。根据形成墨滴方式的不同，喷墨印花可分为连续喷墨印花（CIJ）和按需液滴印花（DOD）。图 4-3 为按需液滴喷墨印花原理图。

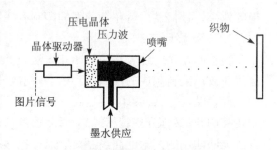

图 4-3　按需液滴喷墨印花原理示意图

喷墨印花花样调换快，单元花样尺寸不受限制，可随时补印生产，既适宜打样，也可进行大规模生产，但目前还存在设备投资较大、喷嘴易堵塞、台班产量较低的问题。喷墨印花是未来印花技术发展的方向。

三、印花原糊

印花原糊是具有一定黏度的亲水性聚合物形成的分散体系，是染料、助剂的介质，作为载递剂把染料、化学品等传递到织物上，防止花纹渗化，当染料固色以后，固体原糊从织物上洗除。印花色浆的印花性能在很大程度上取决于原糊的性质，所以原糊直接影响印花产品的质量。

制备原糊的原料为糊料，糊料在物理性能、化学性能和印制性能方面都有一定的要求。从物理性能方面看，糊料所制得的色浆必须有一定的流变性，以适应各种印花方法、不同织物的特性和不同花纹的需要。

色浆大多属非牛顿流体，黏度随着切应力的增加而下降。在高含固量原糊中，分子链之间存在较大的作用力，溶液中分子链间通过作用点形成高分子网络结构，这种结构性强，黏度越大。但这种结构不是很牢固，随着切应力的增加，会逐渐破坏，黏度随之下降。高分子溶液的这种黏度称为结构黏度。色浆应有良好的结构黏度。印花时，筛网上刮刀压点及承压辊和花筒的轧点处的压力较大，这时，色浆的黏度下降有利于色浆的渗透，织物离开压点后，黏度上升,从而防止花纹渗化。

糊料应有适当的润湿吸湿性和良好的抱水性能,这与染料上染和花纹轮廓清晰度的关系密切。糊料应与染料和助剂有较好的相容性,即对染料、助剂有较好的溶解和分散性能。糊料对织物还应具有一定的黏着力,特别是印制疏水性纤维织物时,黏着力低的糊料形成的有色膜烘干后易脱落。

在化学性能方面,糊料应较稳定,不易与染料、助剂起化学反应,贮存时不易腐败变质。在印制性能方面,糊料的成糊率应高,所配的色浆应有良好的印花均匀性、适当的印透性和较高的给色量。糊料的易洗涤性要好,否则会影响成品的手感。

糊料的种类很多,按其来源可分为淀粉及其衍生物、海藻酸类化合物、纤维素衍生物、天然和合成龙胶、乳化糊、合成糊料等。印花糊料应根据印花方法、织物品种、花型特征及染料的发色条件而加以选择,生产中常将不同的糊料拼混使用,以取长补短。

四、花筒的雕刻和筛网制作

将设计的印花图案形成印花设备上可用的花模,主要有以下几种方法:

(一)花筒的雕刻

花筒的雕刻是将印花图案转移到花筒上,使之成为凹陷的斜纹线或网点和交叉斜纹线(用以贮藏色浆)的加工过程。

雕刻前要进行花样审理。首先找出单元花样,确定套色数;然后选择花筒,花筒的周长应等于单元花样的整数倍。花筒上的雕刻宽度一般比印花织物门幅宽 3~4 cm,一般花筒的个数等于单元花样的套色数。

雕刻工艺有缩小雕刻、照相雕刻、电子雕刻和钢芯雕刻等。

(二)筛网制版

平网筛网材质通常是锦纶丝或涤纶丝,平网花版制作的常用方法是感光法。

感光法是用手工、照相或电子分色法将单元花样制成分色描样片,描样片上有花纹处涂有遮光剂,将分色描样片覆在涂有感光胶的筛网上进行感光。感光时,光线透过无花处的透明片,使感光胶感光生成不溶于水的胶膜而堵塞网眼;而在有花纹处,光线被遮光剂阻挡,感光胶未感光,仍为水溶性,经水洗露出网孔,便成为具有花纹的筛网,经生漆等加固,即完成制版。

圆网筛网为六角形的镍网材质,制版需先制作圆网,再用上述感光法制成花版。

(三)电脑分色制版

电脑分色制版系统是印染企业或制版公司进行印花图案设计及分色制版的一种计算机处理系统,以代替传统工艺中的描稿、连晒、感光制版等手工操作。精度高、速度快、质量好是其主要特点。电脑分色制版系统实质上包括计算机辅助设计(CAD)和计算机辅助制造(CAM)两大部分。计算机辅助设计主要进行印花面料图案的设计、修改、配色及其工艺处理,计算机辅助制造则主要进行印花面料花样的制版。

第二节 涂 料 印 花

涂料印花亦称颜料印花,是借助于黏合剂在织物上形成的树脂薄膜,将不溶性颜料黏着在纤维表层的印花方法。涂料印花不存在对纤维的直接性问题,适用于各种纤维织物和混纺织物的印花。

涂料印花操作方便、工艺简单、色谱齐全、拼色容易、花纹轮廓清晰,但产品的某些色牢度(如摩擦和刷洗色牢度)不够高,印花处特别是大面积花纹的手感容易欠佳。目前涂料印花主要用于纤维素纤维、合成纤维及其混纺织物的直接印花,有时为补足色谱,可与不溶性偶氮染料共同印花,也可以利用黏合剂成膜而具有的机械防染能力,用于色防印花。

一、涂料印花色浆组成

涂料印花色浆一般由涂料、黏合剂、乳化糊或合成增稠剂、交联剂及其他助剂组成。

(一) 涂料

涂料是涂料印花的着色组分,是由颜料与适当的分散剂、吸湿剂等助剂及水,经研磨制成的浆状物。颜料分有机和无机两大类,常用于涂料印花的无机颜料仅限于钛白粉(二氧化钛)、碳黑和氧化铁等少数几种,绝大多数是有机颜料。颜料要求色泽鲜艳,具有良好的日晒和升华色牢度,耐酸、碱、氧化剂和还原剂,不溶于火油和干洗溶剂。颜料颗粒应细而均匀,颗粒尺寸一般控制在 $0.1 \sim 2\ \mu m$,还应有适当的密度,在色浆中既不沉淀也不上浮,具有良好的分散稳定性。

(二) 黏合剂

黏合剂是具有成膜性的高分子物质,一般由两种或两种以上的单体共聚而成,是涂料印花色浆的主要组分之一。涂料印花的牢度和手感由黏合剂决定。作为涂料印花的黏合剂,应具有高黏着力、安全性及耐晒、耐老化、耐溶剂、耐酸碱、成膜清晰透明、印花后不变色、不损伤纤维、有弹性、耐挠曲、手感柔软、易从印花设备上洗除等特点。

黏合剂按成膜后分子作用形态分,有非交联型、交联型和自交联型三大类。

非交联型黏合剂分子中不存在能发生交联反应的基团,成膜时不能互相交联,牢度较差,需要加入交联剂,通过交联剂自身和交联剂与纤维上的活性基团的反应形成网状结构来保证其牢度。按单体原料划分,有丙烯酸酯的共聚物、丁苯胶乳和丁腈胶乳、聚醋酸乙烯类。

交联型黏合剂分子中含有一些反应基团,可以与交联剂反应,形成轻度交联的网状薄膜,提高涂料印花的牢度。但交联型黏合剂不能与纤维素等大分子链上的羟基反应,也不能自身发生反应。这类黏合剂在共聚物中引入一些单体:①含羧基的单体,如丙烯酸、甲基丙烯酸等;②含氨基和酰胺键的单体,如丙烯酰胺、甲基丙烯酰胺等。交联型黏合剂有网印黏合剂、海立柴林黏合剂 TS 等。这类黏合剂在使用时必须加入交联剂。

自交联型黏合剂含有可与纤维素纤维上的羟基反应或自身反应的官能团,如 N-羟甲基丙烯酰胺等,在一定条件下,这些官能团不需要交联剂就能在成膜过程中相互交联或与纤维素纤维上的羟基反应,如 KG-101。目前的涂料印花黏合剂主要是自交联型黏合剂。

交联型和自交联型黏合剂都属反应性黏合剂,通过交联作用可使其耐溶剂性、耐热性和弹性大大提高,摩擦色牢度获得改善。但是黏合剂中所含的反应性基团不能太多,否则,印花时所结的膜太硬而失去其作用。

(三) 交联剂

交联剂是一类具有两个或两个以上反应性基团的物质,能与黏合剂分子或纤维上的某些官能团反应或交联剂分子自身间发生反应,使线型黏合剂成为网状结构,降低其膨化性,提高各项色牢度(耐水洗、耐摩擦、耐热、耐溶剂等)。例如交联剂 EH,由己二胺和环氧氯丙烷缩合而成,具有两个活泼基团——环氧乙烷基;交联剂 FH 是六氢-1,3,5-三丙烯酰三氮苯或2,4,6-三环氮乙烷三氮苯,具有多个反应基团。色浆中一般要加入交联剂,以保证印花织物的牢度,但对于自交联型黏合剂可以不加交联剂。另外,在黏合剂中加入热固性树脂,使线型高分子形成网络状,可使黏合剂皮膜在水中的膨化性降低,色牢度提高。

（四）增稠剂

涂料印花有别于染料印花,增稠剂应具有良好的印花性能,能随意调节印花色浆的稠度和黏度,使印出的花纹轮廓清晰,不渗化,且印花均匀;对黏合剂形成的无色透明皮膜无影响,即对涂料着色无影响,从而确保花色的给色量和色泽鲜艳度;含固量低,印花烘干后,溶剂挥发,残留在纺织品上的固体少,不影响手感,且色牢度高。

涂料印花一般用乳化糊做原糊,用量少,含固量低,不会影响黏合剂成膜,手感柔软,花纹清晰。但因含有大量的火油,印花后挥发进入大气中,存在污染环境、浪费能源等缺点。近年来,大量用合成增稠剂代替乳化糊,可避免煤油挥发造成的环境污染,而且用量少、成本低。

二、涂料印花工艺

（一）工艺处方(%)

	白涂料	彩色涂料	荧光涂料
黏合剂:	40	30～50	30～40
乳化糊或2%合成增稠剂:	x	x	x
涂料:	30～40	0.5～15	10～30
尿素:	—	5	
交联剂:	3	2.5～3.5	1.5～3.0
水:	y	y	y
合成:	100	100	100

（二）工艺流程

涂料印花工艺流程:印花→烘干→固着。

固着有两种方式:汽蒸固着(102～104 ℃,4～6 min)和焙烘固着(110～140 ℃,3～5 min)。固着主要是交联剂发生交联反应。一般涂料印制小面积花纹可不进行水洗,但若乳化糊中煤油气味大,需皂洗。

第三节　纤维素纤维织物印花

一、直接印花

（一）活性染料直接印花

活性染料印花工艺简单,色泽鲜艳,湿处理色牢度高,中浅色色谱齐全,拼色方便,能和多种染料共同印花或防染印花,成本低,是印花中常用的染料。但活性染料不耐氯漂,固色率不高,水洗不当易造成白地不白。

选择印花用活性染料要保证色浆稳定,直接性小,亲和力低,有良好的扩散性能,固色后不发生断键现象。活性染料印花工艺按色浆中是否含碱剂分为一相法和两相法。

(一) 活性染料一相法印花

一相法印花是将染料、原糊、碱剂及必要的化学药剂一起调成色浆。

工艺流程:白布印花→烘干→蒸化→水洗→皂煮→水洗→烘干。

色浆处方(%):

活性染料	1.5～10
尿素	3～15
防染盐 S	1.0
海藻酸钠糊	30～40
小苏打(或纯碱)	1～3(1～2.5)
加水合成	100

一相法印花工艺适用于反应性低的活性染料,主要采用 K 型活性染料,KN 型和 M 型活性染料也有应用,这样,印花色浆中所含的碱剂对色浆的稳定性影响较小。

活性染料与纤维素纤维的反应在碱性介质中进行,反应性差的活性染料应选用纯碱为碱剂;反应性较高的宜选用小苏打为碱剂,它的碱性较弱,有利于色浆稳定,在汽蒸或焙烘时,小苏打分解,织物上色浆的碱性增加,促使染料与纤维反应。

色浆中通常加尿素,起助溶、吸湿作用,可帮助染料溶解,促使纤维溶胀,有利于染料扩散。防染盐 S 为间硝基苯磺酸钠,是一种弱氧化剂,可防止高温汽蒸时染料受还原性物质作用而变色。海藻酸钠糊是活性染料印花最合适的原糊,因为其分子结构中不存在伯羟基,因而不会与活性染料反应,而且海藻酸钠中的羧基负离子与活性染料阴离子有相斥作用,有利于染料上染纤维。

印花后经烘干、固色,染料由色浆转移到纤维上,扩散至纤维内部与纤维反应呈共价键结合。固着工艺有汽蒸法(100～102 ℃,3～10 min 或 130～160 ℃,1 min)和焙烘法(150 ℃,3～5 min)。

固色后,印花织物要充分洗涤,以去除织物上的糊料、水解染料和未与纤维反应的染料等。活性染料的固色率不高,未与纤维反应的染料在洗涤时溶落到洗液中,随着洗液中染料浓度的增加,会重新被纤维吸附,造成沾色。保证白地洁白的关键是先用大量冷流水冲洗,将洗液迅速排放,再热水洗、皂洗,否则在碱性的皂洗液会造成永久性沾污。

2. 活性染料两相法印花

两相法印花的色浆中不加碱剂,织物印花后再进行轧碱短蒸固色,这样可提高色浆的稳定性,同时避免堆放过程中"风印"(环境变色)的产生,适用于反应性较高的活性染料。最常用的轧碱短蒸法工艺流程为:白布→印花→面轧碱液→汽蒸(103～105 ℃,30 s)→水洗→皂洗→水洗→烘干。

轧碱处方(g):

烧碱(36°Bé)	30
纯碱	150

碳酸钾	50
淀粉糊	100
食盐	15~30
加水合成	1 L

碱液中的食盐可防止轧碱时织物上的染料溶落。淀粉糊能增加碱液的黏度,防止花纹渗化。

两相法印花的固色工艺还有:浸碱法,即对高反应性的二氟一氯嘧啶类活性染料可用浸碱法固色,无需汽蒸;轧碱冷堆法,即印花烘干后轧碱、打卷堆放 6~12 h 固色;预轧碱法,织物印花前预先轧碱,烘干后印制活性染料色浆,再经烘干、汽蒸固色。

(二) 稳定不溶性偶氮染料直接印花

稳定不溶性偶氮染料为色酚与经稳定化的重氮化色基的混合物。在一般情况下,两者不会发生偶合反应,印花后经一定处理,稳定的重氮化色基又转化为活泼的重氮化合物而与色酚偶合。这类染料应用方便,无需色酚打底,不受色酚选择的限制,不但节约色酚,而且保证印花织物白地洁白,一般用来印制小花纹。稳定不溶性偶氮染料按照色基重氮盐稳定化的方法不同,分为以下三种:

1. 快色素染料直接印花

快色素染料(俗称快坚染料)为色酚与色基的反式重氮酸盐的混合物。反式重氮酸盐的性质较稳定,在碱性介质中不会与色酚偶合,在弱酸性介质中则转化为顺式重氮盐而与色酚偶合发色:

$$\underset{\text{(反式)}}{\overset{\displaystyle Ar\!-\!\!\underset{\|}{N}}{\underset{\displaystyle NO^-\,Na^+}{}}} \xrightarrow{H^+} \left\{ \underset{\text{(顺式)}}{\overset{\displaystyle Ar\!-\!\!\underset{\|}{N}}{\underset{\displaystyle HO\!-\!H^+}{}}} \right\} \longrightarrow Ar\!-\!N^+\!\!\equiv\!\!N$$

工艺流程:白布印花→烘干→显色→水洗→皂洗→水洗→烘干。

色浆处方(%):

染料	4~10
酒精(98%)	2~5
烧碱(40°Bé)	1.5~2.0
温水	x
淀粉糊	25~30
中性红矾液(15%)	2.5~5.0
合成	100

色浆中酒精的作用是帮助溶解色酚。烧碱使色酚生成钠盐而溶于水,并作为使反式重氮盐稳定的碱剂。在碱性汽蒸时,糊料和纤维素具有还原性,反式重氮盐不耐还原性物质,所以必须加入弱氧化剂即中性红矾液。原糊以中性淀粉和龙胶为好,若采用海藻酸钠糊,需加 0.5%三乙醇胺,且色酚采用热熔法溶解。

织物烘干后的显色方法有:①透风酸显法,即在大气中悬挂 24 h 以上,然后在醋酸、元明粉浴中显色,此法适用于手工印花品种;②汽蒸酸显法,在 100 ℃下汽蒸 1~3 min,然后在稀醋酸-元明粉液中显色;③烘筒显色,室温下浸轧稀醋酸、元明粉溶液,用包布烘筒显色;④酸蒸显色,在不锈钢蒸化机中喷射或蒸发醋酸溶液而显色。

2. 快胺素染料直接印花

快胺素染料(俗称快蒸染料)为色酚与色基的重氮氨基化合物的混合物。重氮氨基化合物由色基的重氮化合物在一定 pH 值下与适当的伯胺或仲胺(称为稳定剂)反应而得:

$$Ar-N^+\equiv N+H-N\overset{R}{\underset{Ar'}{}} \rightleftharpoons Ar-N=N-N\overset{R}{\underset{Ar'}{}}+H^+$$

快胺素

上述反应中所用的色基,应选择亲电性不是很强的,便于与稳定剂生成重氮氨基化合物;稳定剂的结构中必须含有水溶性基团,使所制备的重氮氨基化合物具有水溶性。重氮氨基化合物的裂解性和色基及稳定剂的电荷性有关,两者适当配合可制成在酸性条件下显色的快胺素染料,还可制成在中性汽蒸下显色的中性素染料。

快胺素染料的印花工艺流程同快色素染料,印花色浆中一般不加中性红矾液,使用硫二甘醇或尿素为染料的助溶剂。快胺素染料的性质稳定,在没有酸的条件下不显色,也不受空气中二氧化碳的影响,其显色工艺有浸轧热醋酸法、酸蒸显色法、显色剂显色法。

3. 快磺素染料直接印花

快磺素染料为色酚与色基重氮磺酸盐的混合物,应用最广的是快磺素黑(拉元或拉黑)和快磺素蓝(拉蓝)。其中,快磺素蓝由凡拉明蓝 VB 色盐与亚硫酸钠制成重氮磺酸盐,再与色酚拼混而成。

色基的重氮磺酸盐在碱性介质中稳定,不会与色酚偶合,遇热、光、氧化剂分别成为重氮亚硫酸盐和重氮硫酸盐,最终转化为活泼的色基重氮盐而与色酚偶合。

工艺流程:印花→烘干→汽蒸→水洗→皂洗→水洗→烘干。

色浆处方(%):

凡拉明蓝 VB 的重氮磺酸盐	20
色酚 AS-OL	2.5
色酚 AS-G	0.3
烧碱(36°Bé)	3
小麦淀粉糊	30~50
15%中性红矾液(临用前加入)	5~6
加水合成	100

色浆调好后温度应保持在 20 ℃以下,室温高时可加冰冷却,避光保存,以防止提早发色。

快磺素染料的显色工艺:102 ℃下汽蒸 2~3 min,发色的关键在于蒸箱内的湿度,湿度不足对发色不利,在印花色浆中加入吸湿剂如甘油与尿素的混合物,可保证湿度以利于发色。大面积的快磺素染料印制的黑色花纹,在平洗时有大量未及偶合的"凡磺盐"和色酚溶落,两者都对棉纤维有一定的直接性,易造成白地沾污,因此宜用大量冷流水冲洗后,才能进入皂液洗涤。

快磺素染料是目前印花中应用最广的染料之一,常用来印制黑色花纹,也常与活性染料共同印花,俗称拉活工艺。

(三) 还原染料直接印花

还原染料色泽鲜艳、色谱较全、色牢度良好、调制的色浆稳定,广泛用于直接印花,或作为着色染料用于防拔染印花。还原染料不溶于水,其直接印花方法主要有还原染料隐色体印花法和还原染料悬浮体印花法。

1. 还原染料隐色体印花法

隐色体印花法是将染料、碱剂、还原剂调制成隐色体色浆进行印花,被纤维吸收,并向纤维内部渗透扩散,最后经水洗氧化等过程。

还原染料制成的印花色浆比较稳定,为了便于使用,一般事先调制成基本色浆,临用前用冲淡浆将基本色浆冲淡到所需的色泽浓度再进行印花。基本色浆调制有预还原法和不预还原法。

预还原法是先用氢氧化钠、保险粉和一定量的雕白粉将染料进行预还原,使用时根据处方补加碱剂和雕白粉。预还原法主要用于颗粒大、还原电位较高、还原速率慢、较难还原、印花易造成色点的还原染料。

色浆处方(%):

还原染料	2～6
甘油	5
酒精	1
烧碱(30°Bé)	6～15
保险粉	2
雕白粉	6～14
印染胶/淀粉糊	30～45
加水合成	100

其中,保险粉、雕白粉为还原剂;常用的碱剂除氢氧化钠外,还有碳酸钠和碳酸钾,其作用是使还原染料隐色体变成盐而溶解;甘油起润湿、吸湿作用;酒精起消泡和助溶作用。还原染料印花常用印染胶,因为印染胶具有很好的耐碱性,且具有一定还原性,吸湿性较好,但易渗化,加入淀粉糊可防止和减少渗化,减少含固量,降低成本,提高给色量。

不预还原法是在色浆制备时不加保险粉,用甘油、酒精和水将染料经球磨机研磨,再加少量原糊配制成基本色浆,印花时用基本色浆、碱剂、还原剂调成印花浆,现配现用。此法用于还原电位低、还原速率快、色浆稳定性差的染料。

工艺过程:印花→烘干→透风冷却→蒸化→水洗→氧化→水洗→皂煮→水洗→烘干。

印花织物蒸化后冷却,即进行氧化、皂煮、水洗等后处理。氧化可采用轧水透风或浸轧氧化剂,如过硼酸钠、过氧化氢等,使还原染料隐色体氧化。氧化后皂煮必须充分,以提高色泽鲜艳度和牢度。

2. 还原染料悬浮体印花法

悬浮体印花法是色浆中不加还原剂和碱剂,织物在印花烘干后经碱性还原液处理,再经快速汽蒸,在湿热条件下使还原染料迅速还原上染,随后进行氧化、皂洗等后处理,使还原染料固着在纤维上。悬浮体印花法所用还原染料颗粒要细、还原速度要快,能在短时间的汽蒸过程中还原完全,隐色体对纤维素的亲和力要强。

色浆处方(%):

还原染料	x
硫二甘醇	6

拉开粉	0.3
原糊	y
加水合成	100

还原液处方：

烧碱(36°Bé)	52～62 mL
保险粉	60～80 g
加水合成	1 L

还原染料悬浮体印花原糊主要采用海藻酸钠和甲基纤维素糊，因为它们遇强碱、浓电解质溶液会呈凝固状态，将这些原糊与还原染料调制成色浆，印花烘干后再浸轧还原剂和烧碱溶液，随即进行快速蒸化，不但印制方便，而且因色浆中无还原剂和碱剂，印花烘干后的织物可以储存而不影响还原染料的固着率。为了不阻碍还原液的渗入和染料的扩散，可加入少量遇碱不凝固的原糊，如小麦淀粉糊、龙胶等。

工艺过程：印花→烘干→浸轧还原液→快速汽蒸(102～105 ℃，20～40 s)→水洗→氧化→皂化→水洗→烘干。

（四）可溶性还原染料直接印花

可溶性还原染料直接印花具有使用方便、色浆稳定、色谱较全、色泽艳丽、色牢度高的特点，但价格较贵，常用来印制色牢度要求高的浅色花纹。

可溶性还原染料直接印花方法可分为湿显色法和汽蒸显色法两种，目前在国内最常用的是工艺相对简单的亚硝酸钠湿显色法。

色浆处方(％)：

	易氧化染料	难氧化染料
染料	0.5～3	0.5～3
助溶剂	0～3	0～3
纯碱	0.2	0.2
原糊	40～60	40～60
亚硝酸钠(1∶2)	1～3	3～6
加水合成	100	100

纯碱的作用是使色浆呈碱性，防止染料水解而发色。助溶剂是帮助染料溶解，提高染料的给色量，常用的有尿素、硫代二甘醇、二乙醇乙醚及溶解盐 B 等。亚硝酸钠在印花色浆中不发生反应，在硫酸显色时，生成亚硝酸使染料水解氧化而发色，其用量根据染料的氧化难易程度而定。原糊一般是中性，可用小麦淀粉-龙胶拼混糊，以取长补短，在提高给色量的同时，改善渗透性和均匀性。

工艺流程：印花→烘干→(汽蒸)→轧酸显色→透风→水洗→皂洗→水洗→烘干。

二、防染印花

防染印花通过在防染印花浆中加防染剂来达到对地色染料的局部防染，是一种较古老的印花方法。防染剂可分为物理防染剂(机械性防染剂)和化学防染剂。物理防染剂有蜡、油脂、树脂、浆料和颜料等,如陶土、锌或钛的氧化物,这些物质在纤维和地色染料间形成一层物理性的阻挡层,局部阻碍地色染料与织物接触,一般与化学防染剂配合使用。化学防染剂如酸、碱、还原剂、氧化剂等,能破坏或抑制染色体系中的化学物质,使其发挥不显色或不固色的作用。

可用作防染地色的染料很多,只要染色条件不致使防染剂失效,都可获得防染效果,但实际上,应用最多的是必须经过化学反应才完成染色过程的染料。常用的有不溶性偶氮、暂溶性还原、活性染料和苯胺黑、酞菁蓝、酞菁绿等地色。

(一)凡拉明蓝地色防染印花

我国深蓝地色花布多用此法生产,其花色鲜艳、坚牢,成本低廉。凡拉明蓝 VB 与色酚的偶合能力较弱,偶合反应发生的 pH 值为 7～8.2。在色酚打底织物上印酸性防染浆,然后经凡拉明蓝重氮化色基显色,花纹处由于 pH 值呈酸性,不发生偶合反应,从而达到防染目的。常用的防染剂是强酸弱碱盐(如硫酸铝)、非挥发性的有机酸(如酒石酸)等。色防染料的选择原则是其发色不受酸性物质的影响,如选用偶合活泼性强的色基及涂料等。

色酚打底采用二浸二轧(轧余率 75%),轧槽温度 75～85 ℃,游离碱用量 3～4 g/L。

打底液处方:

色酚 AS	10～15 g
烧碱(36°Bé)	15～18 mL
渗透剂	10～15 mL
加水合成	1 L

防白印花浆处方(%):

硫酸铝	5～12
淀粉-龙胶糊	50～60
加水合成	100

涂料色防印花浆处方(%):

涂料	x
尿素	5
黏合剂	40
50%DMEU 树脂	6
酒石酸	6～8
羟乙基淀粉糊	10
乳化糊	5～10
合成	100

显色液处方:

凡拉明蓝盐 VB	18～25 g
硫酸锌	5～8 g

匀染剂	0.25 g
加水合成	1 L

显色液中色盐用量稍低于理论用量，否则易产生罩色及白花不白等疵病。浸轧显色液采用一浸一轧（轧余率 65%～75%），pH 值 6～6.5，再经透风或 100～102 ℃下短蒸 10～20 s，以促进色盐的充分偶合；然后进行酸洗（硫酸或盐酸 3～5 g/L，75～85 ℃），并结合匀染剂 0 热洗（1～2 g/L，85～90 ℃）和还原清洗（NaHSO₃ 5～10 g/L，85 ℃），以洗除未偶合的凡拉明蓝盐；最后进行碱洗、皂煮，以洗除多余的色酚和浮色，提高印花花纹的鲜艳度和染色牢度。

（二）活性染料地色防染印花

活性染料浅地色防染印花是在印花色浆中加入酸性物质（如有机酸、酸式盐或释酸剂）作为防染剂，以中和地色轧染液的碱性，抑制活性染料和纤维发生键合反应，从而达到防染的目的。常用的防染剂为硫酸铵，色防染料可选择涂料、不溶性偶氮染料等，它们的发色不受酸性物质的影响。

另外，利用亚硫酸钠可与乙烯砜型活性染料反应的性质，使其失去与纤维的反应能力；而 K 型活性染料对亚硫酸钠较稳定，可进行 K 型活性染料防染乙烯砜型活性染料的印花。

三、拔染印花

拔染印花是利用拔染剂来破坏织物地色染料的发色体系，再将被破坏分解的染料从织物上洗除的印花方法。

现代拔染印花工艺以还原法为主，拔染剂为还原剂，如雕白粉、氯化亚锡、二氧化硫脲等，其中雕白粉是纤维素纤维织物拔染印花常用的拔染剂。能够进行拔染印花的地色染料主要是偶氮结构的染料，如不溶性偶氮染料、偶氮结构的活性染料、直接铜盐染料、酸性染料等。要达到良好的拔染效果，需在这些染料类别中再做筛选，所以适用于拔染印花的染料并不多。棉织物常用的拔染印花以不溶性偶氮染料为地色。

（一）不溶性偶氮染料地色拔染印花原理

不溶性偶氮染料的偶氮基—N＝N—（发色基团）被雕白粉还原分解成两个氨基，分解产物无色或易于从织物上洗去：

$$R_1 -\!\!\!\bigcirc\!\!\!- N \!=\! N -\!\!\!\bigcirc\!\!\!- R_2 \xrightarrow{4[H]} R_1 -\!\!\!\bigcirc\!\!\!- NH_2 \; + \; H_2N -\!\!\!\bigcirc\!\!\!- R_2$$

根据还原剂拔染的原理，色拔染料的选择依据是其发色不受还原剂的影响，而还原染料上染需碱剂和还原剂，所以还原染料是最合适的色拔染料。

（二）不溶性偶氮染料地色拔染印花工艺

染地色可参考染色工艺，但要注意色酚和色基的选择与配伍，这是影响拔白效果的重要因素。严格控制偶合比和显色工艺，减少染色浮色，否则会影响拔染效果。后处理要保证染色浮色洗净，但不能皂煮，否则粒子增大，分解困难，不利于拔白。

拔染印花过程中花筒表面的印花色浆很难刮净，易沾在地色上，经汽蒸会破坏地色染料而形成浮雕，有损地色的染色效果，为防止这种现象，印花前要浸轧弱氧化剂如防染盐 S。

印花处方（%）：

	拔白	色拔
还原染料	—	1～3
甘油	适量	4～8
碳酸钾	5～8	8～20
雕白粉	15～25	12～20
黄糊精	—	40～50
印染胶-淀粉糊	40～50	—
加水合成	100	100

工艺流程：色酚打底→烘干→显色→轧氧化剂→烘干→印花→汽蒸→（氧化）→水洗→碱、皂洗→烘干。

第四节 新颖印花方法

新颖印花工艺不仅能够赋予纺织品花纹图案，而且能产生特殊的效果。

一、泡泡纱印花

泡泡纱印花是通过印花方法，对织物局部进行化学处理而使其收缩，未收缩处的织物组织便形成凹凸的泡泡。其印制方法有：

（1）印碱法。用刻有直条花纹的印花滚筒将棉织物在单辊印花机上印 36°Bé～40°Bé 的 NaOH 溶液，透风烘干，棉纤维便剧烈收缩，而未印碱处的棉纤维只能蜷缩而形成凹凸不平的泡泡，然后经松式洗涤去除烧碱。

（2）印树脂法。棉织物上先印防水剂色浆，使印花处产生拒水性，烘干后将织物浸轧烧碱溶液，然后透风。印有防水剂处，烧碱液不能进入，而未印花处的棉纤维在碱液作用下收缩，产生泡泡。

在加工中织物必须不受张力，在后处理平洗时采用松式设备，否则会把泡泡拉平。泡泡纱印花可在漂白、染色、印花布上进行，但选用的染料必须耐浓碱且不发生变色。

二、烂花印花

烂花印花产品常见的有烂花丝绒和烂花涤/棉织物，它们的基本原理相同，即利用两种纤维的耐酸性能不同，用印花方法（印酸浆）将一种纤维烂去而制成半透明花纹的织物。

烂花涤/棉的坯布一般是涤/棉包芯纱布，纱的中心是涤纶长丝，外面包覆棉纤维。通过印酸、烘干、焙烘或汽蒸，棉纤维被酸水解炭化，而涤纶不受损伤，再经过松式水洗，印花处稀薄而变透明。

烂花丝绒的坯布，其地纱是真丝乔其纱，绒毛是黏胶丝。在这种织物上印酸，将黏胶绒毛水解或炭化去除，而蚕丝不受侵蚀，便留下乔其纱底布。能侵蚀棉、黏胶等纤维素纤维的酸剂有硫酸、硫酸铝、三氯化铝等，目前使用最多的是硫酸。原糊需耐酸，常用白糊精。印浆中加入分散染料上染涤纶，可获得彩色花纹。

三、发泡印花

发泡印花可在织物上获得彩色立体浮雕花纹。印浆中加入热塑性树脂和发泡剂,经高温焙烘,发泡剂分解而释放出气体,使印浆膨胀而形成立体花型,并借助树脂将涂料固着,获得的有色产品能经受一般洗涤,并达到耐摩擦色牢度的要求。印花设备上要求滚筒印花花筒有较深的腐蚀深度,筛网印花的网目规格也要严格筛选。

发泡印花工艺处方举例(%):

悬浮聚合的苯乙烯树脂(主黏合剂)	18
醋酸乙酯(树脂溶剂)	34
丙烯酸酯共聚体(调节树脂)	35
增稠剂 M(增加印浆稠度)	1.7
二丁基苯磺酸钠(乳化剂)	0.5
偶氮二甲酰胺(主发泡剂)	6
偶氮二异丁腈(次发泡剂)	6.8
涂料	z
尿素	3
硬脂酸(改善印浆流动性)	1
合成	100

四、金银粉印花

金银粉印花包括金粉印花和银粉印花,是将铜锌合金或铝粉与涂料印花黏合剂等助剂混合调配成金银粉印花浆,印在织物上,通过黏合剂将金银粉黏着在织物上,使织物呈现光彩夺目的印花图案。所用黏合剂一般是丙烯酸酯类的乳液型黏合剂。在国外,有些黏合剂中已加入糊料及所有助剂,使用时只需把金银粉加入即可印制。乳化糊应专配,否则易分相。加入抗氧化剂(如苯并三氮唑)能防止铜粉在空气中氧化,保证金粉光泽持久,但不能直接加入,而应调在乳化糊中。印浆中若加入少量的金黄色涂料,可提高仿金效果。

复习要点:

1. 完成织物印花的所有构成要素及印花方法的概念。

2. 色浆的成分及其作用,如原糊的功能。

3. 直接印花与其他印花方法的不同,涂料印花、转移印花的特点及其与喷墨印花的不同。

思考题:

1. 什么是织物印花? 与染色相比有什么不同?

2. 印花色浆由哪些成分组成?

3. 从不同的工艺、设备讨论印花有哪些方法。

4. 描述涤纶转移印花方法,说明其工艺原理。

5. 糊料一般是具有哪些性质的高分子物? 海藻酸钠糊一般用于哪些染料的印花,为什么?

6. 乳化糊的主要组分是什么? 主要用于印花的哪些工艺? 用它做印花组分有什么优点?

7. 色浆组分中经常有弱氧化剂如防染盐 S,试解释其作用。

8. 涂料印花色浆中,使织物着色的成分是什么? 色浆中有哪些其他组分? 涂料印花的摩擦色牢度和刷洗色牢度怎样? 描述其工艺优点。

9. 棉织物采用直接印花方法时常使用的染料有哪些?

10. 观察织物直接印花传统工艺流程,印花后一般有烘干后再经汽蒸处理步骤,试说明其理由。

11. 防染印花一般采用哪些防染剂? 活性染料地色织物防染印花色浆中加入的化学防染剂是哪类物质? 试说明其作用原理。

12. 烂花印花可应用于哪些织物? 色浆的主要成分是什么?

第五章　纺织品染后一般整理

本章导读:了解纺织品在染色后的加工工艺、织物所做整理的性质和类型,以及纺织品整理加工的原理、方法和所取得的性能之间的关系。

第一节　基本概念

纺织品染后整理加工,可以使织物或纤维最大程度地发挥其固有的优良性能,赋予纺织品某些特殊性能,延长使用寿命,增加产品的附加值。

整理的目的是通过物理的、化学的以及物理-化学的方法,改善纺织品的外观和内在品质和功能,提高服用性能或赋予其特殊功能。通过定(拉)幅、机械或化学防缩、防皱和热定形整理,使纺织品幅宽整齐均一、尺寸和形态稳定。通过增白、轧光、电光、轧纹、磨毛、剪毛、缩呢整理,增进纺织品外观,提高纺织品光泽和白度,增强或削弱织物的表面绒毛。柔软、硬挺和增重整理采用化学或机械方法使纺织品获得如柔软、滑爽、丰满、硬挺、轻薄或厚实等综合性触摸感觉,达到改善纺织品手感的效果。另外,还有采用化学方法,防止日光,大气或微生物等对纤维的损伤或侵蚀,延长纺织品的使用时间的整理,如防蛀、防霉整理等;以及赋予纺织品新的特殊性能,包括使纺织品具有某种防护性能或其他特种性能的整理,如阻燃、抗菌、防污、拒水、拒油、防紫外线和抗静电整理。

由于纺织品使用环境复杂,整理效果会随时间、洗涤次数不同而发生变化,整理所要求的质量就不一样,按照纺织品整理效果的耐久程度,可将整理分为暂时性整理、半耐久性整理和耐久性整理三种。

(1)暂时性整理:纺织品仅能在较短时间内保持整理效果,经水洗或在使用过程中整理效果很快降低甚至消失,如上浆、暂时性轧光或轧花整理等。

(2)半耐久性整理:纺织品能够在一定时间内保持整理效果,即整理效果能耐较长时间及较少次数的洗涤,但经多次洗涤后,整理效果仍然会消失。

(3)耐久性整理:纺织品能够较长时间地保持整理效果,即整理效果能耐多次洗涤或较长时间使用而不易消失。

在加工工艺上,纺织品整理有物理机械整理、化学整理、机械和化学联合整理三种。

(1)物理机械整理:利用水分、热量、压力、拉力等物理机械作用达到整理的目的,如拉幅、轧光、起毛、磨毛、蒸呢、热定形、机械预缩等。

(2)化学整理:采用一定的方式,在纺织品上施加某些化学物质,使之与纤维发生物理或化学结合,从而达到整理的目的,如硬挺整理、柔软整理、树脂整理以及阻燃、拒水、拒油、抗菌、抗静电等整理。

（3）物理机械和化学联合整理：即物理机械整理和化学整理联合进行，同时获得两种方法的整理效果，如耐久性轧光整理，即把树脂整理和轧光整理结合在一起，使纺织品既具有树脂整理的效果，又获得耐久性的轧光效果。类似的整理还有耐久性压光和电光整理。

不同的纤维，整理方法不一样，按被加工织物的纤维种类不同，纺织品整理可分为棉织物整理、毛织物整理、化纤及混纺织物整理。按照印染厂加工整理频度和特殊用途分类，纺织品整理可分为一般整理和特种整理。

第二节　棉型织物的一般整理

棉织物整理包括机械和化学两方面，前者有拉幅、轧光、电光、轧纹及机械性预缩整理等，后者有柔软、硬挺、增白及防缩防皱整理等。

一、拉幅整理

织物在印染过程中要经历多道工序，因而经常受到纵向的拉力，使织物的经向伸长而纬向收缩，并产生其他缺点，如幅宽不匀、纬斜、布边不齐等。为了使织物具有整齐划一的门幅，同时纠正上述缺点，一般棉布在印染结束后需要经过一次拉幅加工。

拉幅整理是根据棉纤维在潮湿状态下具有一定可塑性，在缓缓的干燥条件下调整经纬纱在织物中的状态，将织物门幅拉宽到规定尺寸，达到均匀划一、形态稳定的效果。除棉纤维外，毛、丝、麻及吸湿性较强的化学纤维，在潮湿状态下都有不同程度的可塑性，也能通过拉幅达到上述目的。

织物拉幅在拉幅机上进行。拉幅机有布铗拉幅机和针铗拉幅机等，棉织物的拉幅多采用前者，而毛织物、丝织物和化学纤维织物大多采用后者。

布铗拉幅机用热风加热。整机结构主要由进布架、轧车、整纬装置、烘筒、热风烘房和落布架组成，如图5-1所示。轧车有两辊和三辊两种形式，用于给湿或浸轧树脂整理剂，有的还附有高压水喷雾、蒸汽喷射或毛刷等给湿装置。

织物经给湿或浸轧后，必须烘干至一定回潮率，以减轻热烘房的负担。

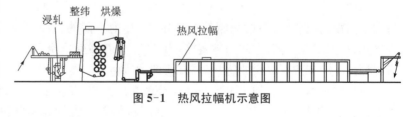

图5-1　热风拉幅机示意图

织物拉幅时的加热采用热风。织物由给湿装置给湿进入烘燥拉幅，热风由送风机输送，经加热器加热，然后由风管分送至热风喷口，垂直喷射于织物正反面。加热冷空气的热源可采用城市煤气、水煤气、汽油气化气、丙丁烷等，烘房温度可达200℃以上，废气由废气排出口排出。由于这种干燥设备系统利用空气为载体，通过强迫对流方式进行热能的传递，同时可利用部分废气，所以拉幅效率高、车速快、劳动条件好。

在热风拉幅机上，除上述主要部件外，常附带整纬装置，有差动式齿轮和导辊式两种。差动式齿轮整纬装置安装在拉幅机构出布端的链盘上，使两边的布铗链的运转速度不同而矫正纬纱歪斜；导辊式整纬装置安装在轧车之后，当织物通过一组直型导辊时，导辊由平行排列变为倾斜状态排列，使纬斜的相应部分超前或滞后，以恢复纬纱与经纱正交，或使线圈的横列与纵行相垂直。

热风布铗拉幅机通常与浸轧机和滚筒烘燥机联合配置，可使柔软整理（或硬挺整理、增白整理等）、干燥、拉幅工序连续进行。

针铗拉幅机的机械结构与布铗拉幅机基本相同，区别是用针板代替布铗。这种机器能够超速喂布，使织物在拉幅过程中减少经纱张力，有利于拉幅，同时可使经纱得到一定的回缩，减少水洗时的收缩。如果提高烘房温度，除拉幅外，还能用作化纤织物的热定形和树脂整理的焙烘，可一机多用。

二、轧光、电光和轧纹整理

轧光、电光和轧纹整理是增进和美化织物外观的整理，主要是使织物的光泽增加及在织物表面产生凹凸花纹。

棉纤维在湿热条件下具有一定的可塑性，织物经过一定的温度和水分的作用，在机械压力的作用下，纱线被压扁，直立在织物表面的绒毛被压倒伏，从而使织物表面平滑光洁，对光线的漫反射减少，因而增强了光泽。

轧光机由重叠排列的辊筒组成。辊筒一般有 2～7 个，分软辊筒和硬辊筒两种。软辊筒由羊毛、棉花或纸帛经加压后车光磨平制成。硬辊筒一般由铸铁制成，表面光滑，中空，可用蒸汽、电或煤气加热。普通轧光机由三个辊筒组成，其排列形式有硬-软-硬或软-硬-软，适合一般的光泽整理。由硬辊筒和软辊筒组成的轧点称为硬轧点，由两个软辊筒构成的轧点称为软轧点。多轧辊轧光机则利用软硬轧点的不同组合和压力、温度、穿布方式的变化来获得不同的表面光泽。图 5-2 所示为五辊轧光机。其中，3、5 两个辊筒为硬辊筒。轧光时，织物环绕经过各辊筒，每个辊筒通过加压装置被压紧，将织物烫平而获得光泽。

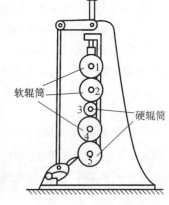

图 5-2　五辊轧光机

为使织物获得强烈的光泽，可采用摩擦轧光机加工。这种设备由三只辊筒组成，上下两只辊筒为硬辊筒，其中上面的辊筒可以加热，称为摩擦辊筒；中间为软辊筒，由羊毛、棉花或亚麻纸制成。织物经过摩擦轧压后，获得强烈的光泽和薄而挺爽的感觉，具有特殊的风格。

电光整理的原理和加工过程与轧光整理基本类似，其主要区别是电光整理不仅把织物轧平整，而且在织物表面轧压出互相平行的线纹，掩盖了织物表面纤维或纱线不规则的排列现象，因而对光线产生规则的反射，获得强烈的光泽和丝绸般的感觉。电光机的构造与轧光机基本类似，一般由两个辊筒组成，一个为硬辊筒，另一个为软辊筒。硬辊筒为可加热辊，表面刻有平行斜线，其斜向与织物中主纱的捻向相同，以防止织物强力受损。

轧纹整理则利用棉纤维在湿热条件下具有可塑性，通过轧纹机的轧压，使织物表面产生凹凸花纹。轧纹机由一个可加热的钢制硬辊筒和一个纸粕制成的软辊筒组成，硬辊筒上刻有凸纹，软辊筒上刻有凹纹，两者互相啮合，从而使织物表面产生立体效果的花纹。

不论是轧光整理还是电光或轧纹整理，如只采用机械方法进行加工，则都不耐洗，如与树脂整理相结合，就可获得耐久的效果。

三、棉织物防缩整理

经过染整加工后已干燥的织物,如果在松弛状态下被润湿水洗时,往往会发生比较明显的收缩,这种现象称为缩水。洗涤前后的长度差与原来长度的百分比称为缩水率。

这种潜在收缩的产生是由于织物在纺织染整加工中经纬纱以及针织物中的圈高与圈距方向受到不同的拉伸力,存在着累积形变,特别是在染整加工中,经纱不断受到拉伸,织缩减小。由于经纱受到拉伸而处于紧张状态,使纬纱不得不增加弯曲来围绕经纱,造成门幅变窄,当织物在水中润湿后,随内应力的松弛,织物便发生变形。另一方面,棉纤维本身具有异向溶胀性,纱线由于弯曲路径增加而调整织缩,使织物缩水。

针织物由于其延伸性,在外部的拉伸应力下,圈高不断增大,圈距不断缩小,如此时将织物定形,做成服装后,经过水洗,随内应力的松弛,必定会产生缩水现象。

织物经机械方法进行预缩整理是降低织物缩水率的有效方法之一。其防缩原理是在织物整理时赋予一定的纱线调整,预留织缩,使织物在制成衣物之前就消除大部分的收缩,使织物处于能量最低的稳定状态,从而在成衣后尺寸稳定。

预缩整理的设备有毛毯压缩式预缩整理机、超速喂布针铗拉幅机和橡胶带压缩式预缩整理机等。

图 5-3 所示为毛毯压缩式预缩整理机,其工作原理是厚毛毯卷绕在进布辊上,毛毯外层伸长,而离开进布辊并转入大烘筒表面时,即恢复原来的长度,使紧贴在毛毯伸长面上的织物受到同样的收缩,达到消除潜在收缩的目的。图 5-4 所示为毛毯压缩式预缩机缩布区域。

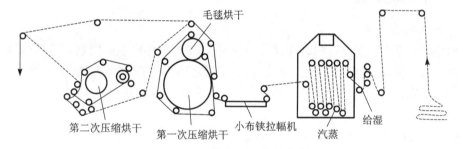

图 5-3　毛毯压缩式预缩整理机

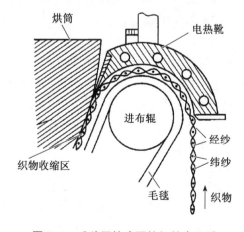

图 5-4　毛毯压缩式预缩机缩布区域

织物经过这种处理后，缩水率可降低到 1％以下。

第三节　毛织物整理

羊毛是一种质轻柔软、富有弹性、具有较高保暖性的天然纤维。毛织物的整理主要是通过对羊毛的鳞片层的作用而进行缩呢加工，或利用羊毛角质的定形特性对羊毛织物进行煮呢等处理，也可针对其容易受到虫蛀的问题进行防蛀整理等。

毛织物的品种分为精纺（梳）和粗纺（梳）织物。这两类织物在组织结构、呢面状态、风格手感及用途等方面有不同的要求，因而加工方法有所区别。

精纺毛织物纱支高、织物结构紧密，整理后要求织物表面光洁、织纹清晰、光泽柔和、手感丰满和滑爽挺括；而粗纺毛织物纱支低、织物结构疏松，经整理后要求织物紧密厚实、柔润滑糯，表面有一层均匀整齐的绒毛，绒毛不易脱落、不能露底，也不能有起球现象。根据这两类织物的特点，精纺毛织物的整理有煮呢、洗呢、拉幅、干燥、刷毛和剪毛、蒸呢等，粗纺毛织物的整理有缩呢、洗呢、拉幅、干燥、起毛、刷毛和剪毛、蒸呢等。

毛织物染整通常分为湿整理和干整理两大类。湿整理的主要工序有洗呢、煮呢、缩呢、拉幅、干燥、炭化以及精纺毛织物的烧毛等，干整理的主要工序有刷毛、起毛、剪毛、蒸呢、烫呢和电压等。

一、毛织物的湿整理

（一）坯布准备

织物在湿整理之前要进行检验和修补，修补在纺织过程中产生的疵点，并进行呢坯编号和去除织物上的污渍，此过程称为生坯检验；在干整理之前再进行一次检验，主要检查湿整理过程中产生的疵病，并了解织物的长度和宽度，此过程称为熟坯修补。

（二）烧毛

烧毛是使毛织物在平幅状态下通过高温烧毛机，以烧掉织物表面的短绒毛，从而使织物表面光洁。烧毛主要用于轻薄的精纺类织物，通常采用气体烧毛机。

烧毛工艺要根据织物的风格而定，可分为单面烧毛和双面烧毛。轻薄类织物可进行快速的双面烧毛，中厚织物宜进行较慢的单面烧毛。

（三）洗呢

经过洗涤的原毛，虽已较清洁，但在染色前必须去除纺纱时加入的和毛油、织造时经纱上的浆料及织物在织造过程中沾上的污垢，即毛织物必须进行洗涤，称为洗呢。

毛织物的洗呢要求较高，既要洗去织物上的杂质，又要保证织物含有一定的含油率，以保持毛织物的天然手感，同时还要防止洗呢过度而造成织物毡化。

洗呢常用的洗涤剂有肥皂、净洗剂等阴离子和非离子型净洗剂。影响洗呢效果的因素较多，除了水质、洗涤剂种类和用量外，温度、时间、pH 值、浴比、机械压力、最后的冲洗次数和冲洗时的水流量对洗呢质量的影响都很大。肥皂洗呢的 pH 值为 9～10，合成洗涤剂洗呢的 pH 值为 7～9；浴比一般为（5～8）∶1。精纺毛织物的洗呢时间为 45～90 min，粗纺毛织物的洗呢时间为 30～60 min；洗呢后用温水（40～50 ℃）冲洗 5～6 次，每次 10～15 min。

（四）煮呢

精纺毛织物一般都要经过煮呢整理，通常在烧毛或洗呢后进行，主要是使织物获得优良的尺寸稳定性，避免在后道加工中织物发生变形或产生褶皱，同时改善织物的手感。

煮呢时，织物在平幅状态和一定的张力条件下，用热水进行处理而达到定形目的。在煮呢过程中，羊毛纤维的蛋白质分子中的二硫键、氢键和盐式键的键能逐渐被削弱，有的被拆散调整以减少织物加工过程中产生的内应力，使织物不易产生不均匀的收缩，并在新的位置上重新建立起氢键，产生较好的定形效果。

煮呢一般采用单槽煮呢机和双槽煮呢机，图 5-5 所示为单槽煮呢机，主要由水槽、辊筒和加压装置组成。加工时，织物平幅地卷绕在煮呢辊筒上，在水槽中慢慢地转动，并同时加压，用 80～95 ℃的水煮 20～30 min，然后冷却，pH 值为 6～7。为了使定形效果均匀，呢面平整、光泽好，手感滑挺富有弹性，通常在第一次煮呢后，将织物反转再煮一次。

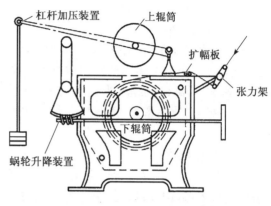

图 5-5 单槽煮呢机

正确掌握煮呢的工艺条件很重要，对所加工的毛织物的质量有很大的影响。通常，煮呢的温度越高，定形效果越好，但温度过高会使纤维受损、织物手感粗糙。一般情况下，白坯织物采用 90～95 ℃，染色织物采用 80～85 ℃，这是为了不引起染色织物的褪色。煮呢时间则随温度而定，温度高则时间短，反之时间可长些。一般情况下，煮呢的 pH 值，白坯为 6.5～7.5，色织物为 5.5～6.5。对织物施加的张力大时，呢面平整挺括，手感滑爽，光泽也较好；施加的张力较小时，织物纹路清晰，手感柔软丰满。

（五）缩呢

缩呢的目的是获得丰满的手感，使织物表面覆盖一层绒毛，织物的厚度和保暖性都有所改善。粗纺毛织物一般都要经过缩呢加工。

羊毛的缩呢性质主要是由于纤维表面的鳞片层产生的定向摩擦效应，同时由其本身优良的回弹性和卷曲性所决定。羊毛表面的鳞片根部隐藏在鳞片之间，自由端则指向毛尖。从毛尖到毛根做反鳞片方向的摩擦，摩擦因数比毛根到毛尖的顺鳞片方向大得多，这种现象称为定向摩擦效应。在湿的状态下，织物受到挤压、揉搓等外力的反复作用，羊毛总是顺着毛尖向根部收缩移动，迫使纤维在根部相互咬合，纤维尖端呈自由状态覆盖在织物表面。因为羊毛具有良好的回弹性和卷曲性，受到外力作用时，纤维伸长，去除外力后又回复原状，经过连续多次的伸缩张弛，通过定向摩擦效应产生缠结和毡缩，达到缩绒目的。缩绒后的织物厚实，弹性和保暖性都得到改善。

毛织物的缩呢可分为酸缩呢、碱缩呢和中性缩呢三种方法。在 pH 值小于 4 或大于 8 的条件下，羊毛纤维的伸缩性能好，定向摩擦效应大，织物缩绒性好。当 pH 值为 4～8 或大于 10 时，缩绒性差，尤其在 pH 值超过 10 以后，羊毛纤维容易受到损伤。通常，为了使缩呢效果良好，可配合使用缩呢助剂。缩呢助剂的作用是使纤维容易润湿而溶胀，有利于鳞片张开，通过润滑作用促进纤维之间的相互交缠作用而产生缩绒。常用的缩呢助剂有肥皂、合成洗涤剂及酸类物质,多采用碱性条件下用肥皂或合成洗涤剂进行缩呢,缩呢后织物的手感柔软、丰满且光泽好,色泽鲜艳的中高档产品常使用此法。

影响缩呢效果的因素还有温度和压力。温度高,对缩呢有利,可提高缩呢速度,缩呢后织物表面折痕少,呢面均匀。通常,可配成肥皂 50~60 g/L、纯碱 12~20 g/L 的溶液,温度为 35~40 ℃,时间则根据呢面效果而定。

除此之外,羊毛的品质、织物的组织结构等与缩呢效果都有密切的关系;施加外力和织物受力的均匀程度,对织物的长度、呢面效果、纤维受损情况都有影响。

常用的缩呢设备为滚筒缩呢机,如图 5-6 所示。缩呢后,粗纺毛织物的经向收缩率一般为 10%~30%,纬向收缩率为 15%~30%;精纺毛织物的经向收缩率为 3%~5%,纬向收缩率为 5%~10%。

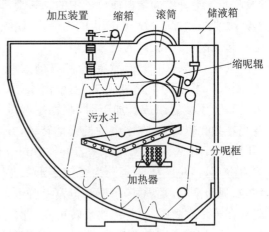

图 5-6　滚筒缩呢机

(六) 烘呢拉幅

毛织物在脱水后要进行烘呢拉幅,主要目的是使织物干燥,同时进行拉幅。烘干织物所需的热量较大,一般采用多层热风针铗拉幅机。烘呢温度对织物的质量有较大影响,温度较低时,织物手感丰满柔软,但所需时间较长;烘呢温度高,织物手感粗糙。烘呢温度一般视织物种类而定,粗纺织物为 85~95 ℃,精纺织物为 70~90 ℃。呢匹的上机幅宽和张力要根据成品规格和产品风格而定。

二、毛织物的干整理

毛织物在干燥状态下进行的整理称为干整理,主要有起毛、刷毛、剪毛、蒸呢热压和电压、防蛀及防毡缩整理等。

(一) 起毛

一般情况下,大部分粗纺织物都要进行拉毛,使织物表面由一层均匀绒毛覆盖,使织物获得丰满的手感和优良的保暖性。

用钢针或刺果从织物表面拉出一层绒毛的加工过程称为起毛。生产的织物表面松软,保暖性好,并且能覆盖织物的花纹。起毛机一般有 24 辊和 36 辊,均匀地安装在大辊筒上,每个起毛辊之间的间隔 27.9~40.6 cm(11~16 英寸),针辊上的针按 45°方向安装,其长度为 1.3 cm(0.5 英寸)。针辊上针的指向与大辊筒的运转方向一致的称为顺针辊,反之则称为逆针辊。织物上的绒毛由针辊上的针起出,通常,顺、逆针辊间隔排列,根据需要调节两者的速度,分别起到起毛和梳理作用。为了获得均匀的绒面效果,加工时要对织物施加一定的张力。织物可进行多次起毛以获得所需的绒毛高度和紧密度。毛织物可进行单面起毛,也可以进行双面起毛。

按起毛时织物干、湿状态不同,起毛方法分为干起毛、湿起毛和水起毛三种。织物在干燥状态下起毛,纤维刚性大、延伸性小,易被拉出梳短,起出的绒毛多而短,呢面较粗糙。干起毛在钢丝起毛机上进行,适宜于制服呢、绒面花呢、毛毯等的起毛整理。织物在润湿状态下起毛,纤维刚性小、延伸性大,容易起出较长的毛。钢丝湿起毛一般较少单独使用,常作为顺毛、立绒类织物直刺果起毛前的预起毛。直刺果湿起毛起出的绒毛向一边倒伏,绒面平顺、柔滑,适用于拷花大衣呢、兔毛及羊绒大衣呢等的起毛整理。水起毛在直刺果起毛机上进行,织物带水起毛,羊毛易膨胀,易拉出长毛,起毛时纤维反复被拉伸和松弛,绒毛形成自然卷曲,呈波浪形。这种方法常用于有水波纹形的大衣呢和提花毛毯等的起毛整理。

(二)刷毛与剪毛

毛织物在剪毛前后均需经过刷毛。剪毛前进行刷毛,其主要目的是去除织物表面的散纤维以及各种杂质,同时将纤维的尖端刷起,使剪毛容易进行。剪毛后进行刷毛,是为了去除织物表面被剪下的短纤维或绒球,并使绒毛梳顺理直,增进织物外观。

织物刷毛在刷毛机上进行。呢坯刷毛时,先经汽蒸处理,使绒毛变得柔软而易刷,然后通过表面密植猪鬃的毛刷辊,达到刷毛的目的。蒸刷后的织物要放置一定的时间,使其吸湿均匀,以降低织物收缩率。

无论是精纺还是粗纺毛织物,都要经过剪毛,但各自的要求不同。精纺毛织物要求将表面绒毛剪去,使呢面光洁、织纹清晰,提高光泽,增进美观。而粗纺毛织物要求剪毛后绒面平整、手感柔软,尤其要把起毛或缩呢后织物表面的参差不齐的绒毛剪平,并保持一定的长度,使外观整齐。为了提高剪毛效果,可将剪毛和刷毛配合进行。

织物剪毛使用剪毛机,由螺旋刀、平刀和支架组成,如图5-7所示。剪毛时,织物经过支架顶端时发生剧烈的弯曲,弯曲处的绒毛直立,高速旋转的螺旋刀与平刀之间形成的剪刀口将绒毛剪去。常用的剪毛机分为单刀、双刀和三刀剪毛机。

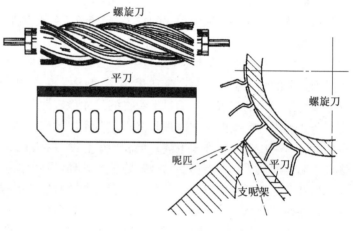

图5-7 剪毛机

(三)蒸呢

蒸呢和煮呢的原理基本相同,但处理方式不同。蒸呢是将织物用蒸汽汽蒸一定时间后,使织物尺寸稳定,呢面平整,光泽自然,手感柔软而富有弹性,对织物内在质量和外观风格有较大的影响。加工原理是利用羊毛在湿热条件下的定形作用。

(四)热压和电压

热压和电压常用于精纺毛织物的整理,都是借助热、湿及压力,使织物平整而具有适当的光泽,类似棉织物的轧光。精纺毛织物很少采用热压整理。常采用的热压设备是回转式热压机,由蒸汽加热的回转大滚筒及圆形夹层组成,又称烫呢机。

电压是大部分精纺毛织物,尤其是较薄毛织物的最后一道加工工序。经电压后,织物表面平整挺括,手感柔软润滑,并且有一定的光泽。而一些要求布面饱满的毛织物,如华达呢及有凹凸织纹的花呢,不宜进行电压加工。

(五)防蛀

毛织物易被虫蛀,降低使用价值和造成损失。因此,为了使毛织物在储藏和使用过程中免遭虫蛀，采取防蛀措施具有重要的意义。防蛀整理的任务是防止蛀虫在织物上生长，所用方法，一种是用杀虫剂，使幼虫中毒死亡；另一种是改变羊毛的性质，成为防蛀纤维，使其不为幼虫所食。

生产中多采用杀虫剂防蛀的方法。使用最普通的杀虫剂有萘和樟脑等，它们能挥发出有毒气体，以抑制幼虫的生长。这种方法较为经济方便，但必须在密封容器中才有效，而且挥发完毕即无效，需经常添加。

另外，可以采用染料型的防蛀剂，如米丁 FF。这类防蛀剂属于无色酸性染料，无发色基团，对纤维有亲和力，使用简单，可在织物染色前进行处理，或在染浴中加入防蛀剂与染色同时进行，但易染花。其防蛀效果和持久性都很好，加工较方便，而且对人体无害，因此常用于毛织物的防蛀整理。同时，羊毛经变性处理后，角质中的二硫键变为较稳定的交键，这样角质不会被蛀蛾的幼虫所食，从而达到防蛀的目的。

(六) 防毡缩

毛织物在洗涤过程中，除了内应力松弛等因素而发生收缩现象外，还会因羊毛弹性和定向摩擦效应而发生毡缩。在水溶液中，羊毛的鳞片张开，润湿能力大大提高。在一定的温度下，张开鳞片的羊毛受到机械力和水的打击，促使羊毛纤维尖端向根部运动。当外力去除后，因相邻毛纤维的鳞片相互交错、咬合锁住，毛纤维将停留在新的位置，毛纤维的根部互相缠结，使织物缩成紧密状态，毛纤维的尖端呈自由状态覆盖在织物表面，使之具有均匀的短密或较长的绒毛。但过分的缩毛会使织物产生毡化，织物严重受损，变得又厚又硬，尺寸收缩程度大大超过纤维素纤维织物的缩水。毡缩对毛织物的尺寸稳定性和外观有很大的影响。

防止毛织物毡缩的基本原理是减小定向摩擦效应。由于鳞片的存在是毛织物毡缩的主要原因，所以，采用适当破坏羊毛鳞片层和用聚合物（树脂）沉积于纤维表面两种方法，可使毛织物产生防缩的效果。前者称为"减法"防毡缩处理，后者称为"加法"防毡缩处理。

破坏羊毛鳞片层的"减法"防毡缩处理的方法有氯化或氧化处理。最早的氯化处理采用酸性次氯酸钠的冷稀溶液，有效氯的用量为羊毛质量的 $1\%\sim2\%$，pH 值为 $4\sim5$，用醋酸调节。为减小羊毛的损伤，可加入适量的己二醛；为使氯化均匀，可加入非离子型渗透剂。处理时浴比为 1：$(30\sim40)$，开始温度低一些，在 20 ℃左右，保温 30 min 即升温到 40 ℃，再保温 45 min；处理后用 $1\%\sim2\%$亚硫酸钠脱氯（40 ℃处理 15 min）；最后用氨水中和，并充分水洗。经过这种加工处理，羊毛鳞片受到一定程度的破坏，但会发生氯化不匀和过度的情况，影响染色和服用性能。也可应用二氯异氰尿酸盐，经水解，产生次氯酸钠而释放出浓度较低的有效氯，与羊毛发生缓慢反应，使织物受到均匀的处理，且不泛黄。用次氯酸钠与高锰酸钾混合溶液处理毛织物，效果也较好，在 pH 值为 $8.5\sim10$ 的范围内，织物不但不泛黄，而且白度略有提高，手感也较好。另外，可用过氧化氢、高锰酸钾和其他氧化物对羊毛织物进行氧化处理。

"加法"防毡缩方法利用聚合物沉积在纤维表面，大致可归纳为界面聚合和预聚体两类。界面聚合以单体进行处理，与羊毛发生接枝反应，生成线型聚合物沉积于纤维表面。例如将羊毛织物经溶于水的二胺类处理，再经溶于有机溶剂的二酰氯或二异氰酸酯处理，在纤维表面发生聚合反应，生成聚酰胺。同时，蛋白质大分子侧链上的伯胺基与酰氯反应，使聚合物薄膜与纤维发生牢固结合。

预聚体处理采用的预聚体结构中通常有反应性的官能团，多用溶剂或将预聚体溶液在水中乳化进行加工。

在羊毛织物的防毡缩工艺发展中,有采用"加法"和"减法"相结合的方法,处理用剂选择得当,可获得良好的效果。

第四节 蚕丝织物后整理

蚕丝织物具有光泽悦目、手感柔软滑爽等独特风格。蚕丝织物种类繁多,有绫、罗、绸、缎等若干大类,整理加工过程视各种加工要求而异,一般可分为烘干、定幅、机械预缩、蒸绸、机械柔软处理、轧光、手感整理、增重整理和树脂整理等。

一、烘干

蚕丝织物经过练漂和印染加工、脱水机脱水后,要进行烘干、烫平。烘干过程对成品手感和光泽具有较大的影响。蚕丝织物常用的烘干设备有滚筒烘干机和悬挂式热风烘燥机等。滚筒烘燥机烘干时,织物直接接触表面光滑的金属滚筒,其表面由蒸汽加热,受上压辊的压力作用,将织物烘干、烫平。虽然整理后织物较平挺,但由于织物经向张力较大,容易产生伸长,缩水率较大。另外,烘筒和织物间因摩擦而产生极光,手感也偏硬。而采用悬挂式热风烘燥机(图5-8)烘干,织物处于自然松弛状态,缩水率小,缺点是布面不平整,需进一步烫平。

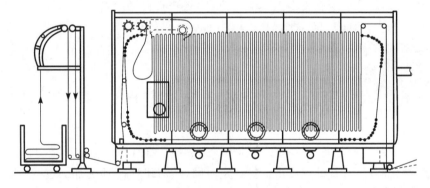

图5-8 悬挂式热风烘燥机

二、定幅和机械预缩

蚕丝织物在染整加工过程中受到机械作用,产生经向伸长、纬向收缩、幅宽不均匀及纬斜等疵病,为了使织物幅宽整齐稳定,一般要进行拉幅处理。蚕丝织物定幅整理在针板热风拉幅机上进行,定幅后织物手感柔软,表面无极光。如采用超喂进绸,蚕丝织物经向可获得适当回缩,从而降低成品缩水率。

为了降低蚕丝织物的缩水率,通常对蚕丝织物进行机械预缩处理,可采用橡胶毯预缩机和呢毯预缩机。采用橡胶毯预缩机处理时工艺条件较难掌握,而呢毯预缩机的预缩作用较小,特点是成品手感柔软、光泽柔和,尤其适合绉类组织,应用较广泛。蚕丝织物经预缩整理后,不仅可以获得一定的防缩效果,手感和光泽都有一定的提高。

三、蒸绸和机械柔软处理

蚕丝织物蒸绸和毛织物蒸呢的原理相同。通过该整理，可使蚕丝织物表面平整、尺寸稳定、缩水率下降、手感柔软丰满、光泽柔和。

蚕丝织物经过烘干或化学整理后，手感较粗糙，可采用物理机械方法进行柔软整理，即将织物放在揉布机上经过多次揉曲，以改变其硬挺性，获得适当的柔软度。

四、轧光和手感整理

为了将织物烫平，可采用一般的三辊筒轧光机或单辊筒整理机进行加工。单辊筒整理机主要由一个大的金属辊筒和它上部的一个小压辊组成，织物经过以蒸汽加热的大辊筒，并受到小压辊不大的压力，达到烘燥和烫平的目的。

蚕丝织物的手感整理是指用柔软剂和硬挺剂进行的整理。单纯的硬挺整理会使蚕丝织物有板结和粗糙感，可加入一些柔软剂；而单纯的柔软整理会使有些品种的蚕丝织物不挺括，所以加工时可适当加入一些硬挺剂，以增强其身骨。

五、增重整理

生丝或蚕丝织物在脱胶后会产生较大的失重率，大约为 23%，为了弥补质量损失，可以对蚕丝织物进行增重整理，通常采用锡盐增重、单宁增重和树脂增重等方法。树脂增重整理可采用气相交联工艺，整理后织物可增重 15%～20%，还可提高防皱性、干弹性、耐磨性和透气性，并能保持蚕丝织物原有的光泽，改善其悬垂性。但此法有不少缺点，如整理时间较长、织物色光有较大变化、设备密封要求高、甲醛污染较严重。

第五节　合成纤维热定形处理

常用的合成纤维如尼龙、涤纶、腈纶等都属于热塑性纤维。将合成纤维织物在适当的张力下升温至玻璃化温度，并在此温度下保持一定时间，然后迅速冷却的加工过程，称为合成纤维热定形，分为干热定形和湿热定形两种。

一、合成纤维的热定形原理

合成纤维的热定形原理是热塑性纤维在玻璃化温度以上具有调整分子链段、超分子结构的能力。

合成纤维热定形时，从分子运动过程分析，温度高于纤维的玻璃化温度，施加外张力，分子链段随张力做排列调整，纤维内小结晶颗粒生长完善，作用时间越长，则移向新位置的链段越多，在新位置建立新的取向联系，甚至发生结晶，则逆过程的发生困难。因此，热定形的效果是在一定温度条件下织物获得相对稳定的状态，成衣后不会因熨烫等情况发生变形。

二、织物热定形工艺

织物热定形加工处理，通常是使织物保持一定的尺寸，在一定的温度下加热一定的时间，有时也可将织物在水介质中经受热处理，水起增塑作用，因此热定形工艺可根据用水与否分为湿热定形和干热定形两类。对同一品种的合成纤维来说，要求达到某一规定的定形效果，采用的工艺可不同。若采用湿热定形工艺，由于存在热和水蒸气两者的作用，所以定形温度可比干热定形时低些。但是采用湿热定形工艺时要注意定形前织物不能带酸性或碱性，以免造成纤维损伤。

热定形温度必须控制在纤维的熔点以下，表 5-1 列出了几种合纤的熔点和热定形温度。

表 5-1　几种合纤的熔点和热定形温度

纤维	定形方法	熔点(℃)	定形温度(℃)	最高定形温度(℃)
尼龙66	干热定形	255	180	200
	蒸汽定形		＞120	130
	水		＞100	98
涤纶	干热定形	260	180	180～220
	蒸汽定形		110～125	126
腈纶	干热定形	—	130	190～200
	蒸汽定形		125～140	130

干热定形在针铗链式热定形机和热辊筒上进行。织物在针铗链式热定形机上，利用高温热风、电热或红外线加热的方式进行定形。其优点是织物在一定的扩幅状态下，因而易于保持织物所需的形状和尺寸，特别适宜于针织物的加工。热辊筒法是将织物通过加热的金属辊筒表面进行加热，然后冷却。

三、热定形工艺的工序安排和质量评定

热定形在织物染整加工中的工序安排，一般随织物品种、结构、洁净程度、染色方法和工厂条件等而不同，大致有三种方式：坯布定形、染色前定形、染色后定形。

如果采用坯布定形，由于织物在进行染整加工之前已经过热定形，处于一种比较稳定的状态，因此在后续加工中不会发生严重的变形。但是这种安排对坯布的质量要求比较高，例如要求比较洁净，且不含有经过加热后会变得难以除去的浆料、油脂或其他杂质。经编长丝针织物有采用坯布定形的。

采用染色前热定形的品种较多，如经编长丝针织物、长丝机织物和涤/棉织物等。其中涤/棉织物的热定形，有时作为前处理的最后一道工序，或在丝光前进行，有时插在两次漂白之间进行(多用于漂白或浅色品种)。如果热定形过程放在后续工艺中，那么，对定形前的过程要求比较高，特别要防止产生难以消除的皱痕。若前处理能做到织物平整无皱，则热定形无论放在前处理的末道或中间，都能获得满意的效果。

采用染色后热定形，可以消除前处理及染色过程中产生的皱痕，而且染色后的工序较少，可使成品保持良好的尺寸稳定性和平整的外观。但要求定形加工前尽量少产生折痕，以免染色时造成染疵和折痕，否则经高温染色后变得更加难以去除，并且要求所采用的染料在热定形条件下不变色、升华色牢度高。如涤/毛织物可采用染色后热定形，而且常将热定形安排在更后面一些，如剪毛后进行。

另外，对采用热熔法染色的织物，由于染色时需要将织物加热到比较高的温度，如 190 ℃ 左右或更高，这样，染色前是否需要进行热定形，则视织物的类别和前处理方式而定。

对涤纶织物来说，有的在染色前后各进行一次定形，叫作"二次定形"。染色前定形温度高些，约 195 ℃，以保证染色时形态稳定，不卷边，不产生褶皱；染色后定形温度可低些，约 190 ℃，可进一步去除褶皱，保证布面平整，减小缩率，起到最后整理的作用。也有的在染色后进行一次定形，尤其对不易卷边的双面组织结构品种，或者染色时采用圆筒型方法以防止卷边的品种，或者在染色前经过平幅松弛煮练使形态稳定的品种。由于定形次数减少，织物手感丰满，毛型感强。

有色提花织物不需匹染，只在净化处理后进行一次定形。

热定形工艺质量可以从缩水、干热回缩、强伸度、折痕回复性、起毛起球、勾丝、手感等方面进行测试、评价，从而获得质量评定结果。

复习要点：

1. 棉纺织品一般整理的目的、工艺原理、取得的效果。

2. 毛纺织品的特点及其一般整理的目的、工艺原理、取得的效果。

3. 涤纶纤维的热塑性与涤纶织物热定形的关系，涤纶织物的干热定形工艺与取得的定形效果。

思考题：

1. 纺织品整理从工艺原理分有哪些方法？

2. 纺织品整理效果从性能持久性分有哪三种？

3. 什么是棉织物的定幅整理？解释此工艺中织物必须加湿拉幅的原因。

4. 分析棉织物缩水的原因，说明机械防缩依据的作用原理。

5. 毛织物进行煮呢加工要达到什么效果？说明该工艺的作用原理。

6. 为什么毛织物会发生毡缩？说明防毡缩的方法和原理。

7. 什么是棉织物的轧光整理？其耐久性如何？

8. 为什么涤纶织物能通过干热定形工艺取得定形效果？

第六章　纺织品功能整理

本章导读：了解功能整理对纺织品性能的提升意义，纺织品功能整理的种类、所依据的整理原理、所用的整理剂和加工方法，以及功能整理的效果。

第一节　柔　软　整　理

一、柔软整理概述

柔软整理是为改善纺织品手感而进行的一种整理。天然纤维经过纺丝、纺纱、织布、整理等许多工序制成纺织品，在此过程中，去除了天然纤维所含的油脂和蜡质，摸上去手感粗糙；一些含合成纤维的纺织品，手感也显得不柔软。为使织物保持持久的滑爽、柔软效果，提高裁剪和缝制工序的效率，改善织物的穿着性，一般使用柔软剂对织物进行整理。例如，在棉型织物的树脂整理中加入柔软剂，可克服树脂整理后织物手感粗硬的缺点；柔软剂用于高速缝纫的织物，可降低针和线及织物受到的损伤程度。

柔软剂是指能吸附于纤维表面并使纤维表面平滑、增加其柔软性的物质，常用表面活性剂、油脂、有机硅、聚烃类等化合物。

二、柔软整理原理

柔软整理使用柔软剂，柔软剂吸附在纤维表面，像润滑油一样防止纤维与纤维直接接触，提高纤维间的平滑性。在纤维加工过程中使用的纺织油剂，广义上也是柔软剂，但纺织油剂的作用不耐久，一般不用于织物整理。用于织物的柔软剂要有良好的耐洗涤性，以便得到耐久的柔软效果。

经柔软剂整理的织物之所以具有柔软手感，是柔软剂附着在织物纤维表面，产生了分子薄层的定向排列，降低了织物之间、纱线之间、纤维之间及织物与手之间的摩擦阻力。织物给人粗糙发硬的手感是由织物之间、织物与手之间的摩擦阻力大引起的。柔软整理赋予织物平滑、柔软性，实际上是调节了纤维间的动摩擦因数和静摩擦因数，一般静摩擦因数越小，柔软触感越好。

经柔软剂整理的织物产生柔软感觉，是因为柔软剂的分子结构中含有柔软平滑作用的功能基团，主要有两种类型。

一种类型的柔软剂含直链脂肪烷烃结构基团(—R)，它是饱和碳直链烷基。支链烷烃和带有芳环的芳香烃，不宜用作柔软剂。基团碳数为 12～18 的直链碳氢烷基用作柔软部分，柔软效果最好。这些长碳链的烷基，一方面因极性小，相互之间作用力小；另一方面，它们有柔顺性,受外力作用时,容易变换构型,因而能降低静、动摩擦因数。

另一种类型的柔软剂是有机硅树脂,其柔软平滑作用与上述柔软剂不同,如图 6-1 所示。有机硅在织物上,硅氧主链附着在纤维表面,其甲基定向排列、覆盖纤维表面而朝向空气,甲基和硅之间 C—Si 键是饱和 σ 键,旋转自由,且甲基极性小,相互作用力也小,因而使纤维表面感觉柔软。

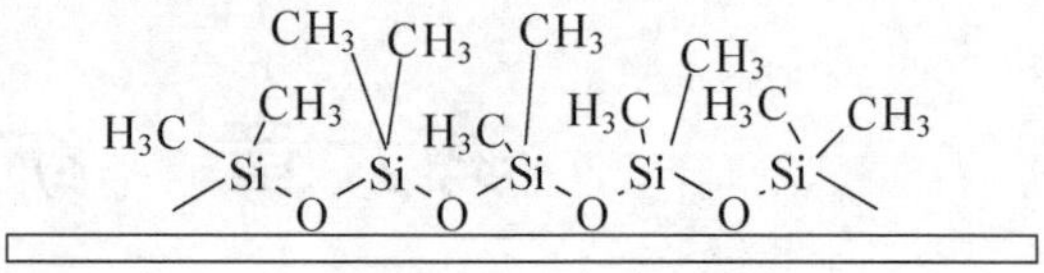

图 6-1 有机硅在织物表面吸附

柔软剂的化学结构除了具有柔软功能基团外,为了达到耐洗的效果,也含有与纤维反应的基团或发生交联的基团等。表面活性剂型柔软剂,其分子小,纤维对其吸附,两者之间的吸附力来自相反电荷的吸引力和范德华力。因而阳离子表面活性剂用作柔软剂,在各种纤维表面的吸附作用都比较强,对纤维的柔软作用也较强,且有一定的抗静电作用。由于表面活性剂在纤维表面靠吸附作用而固着,亲水基强、直链烷基是必需的,单层吸附时效果最好。

柔软剂除柔软作用外,往往产生拒水效果,因为柔软剂在纤维表面定向吸附,使纤维的表面张力下降,水不易润湿。

三、柔软剂类型

织物柔软整理使用的柔软剂要求有以下性能:

(1)不降低纤维或织物的白度与染色牢度。

(2)不使纤维或织物受热变色,不产生气味、色泽变化。

(3)有适当吸水性或者拒水性和一定耐洗性。

(4)对人体皮肤无不良影响。

用于织物整理的柔软剂一般有下述类型:

(一)阳离子型柔软剂

阳离子型柔软剂能耐高温和洗涤数次,整理的织物可获得优良的整理效果和丰满的手感、滑爽感,对合成纤维有一定的抗静电效果。缺点是有泛黄现象,使染料变色,对荧光增白剂有抑制作用,对皮肤有一定的刺激性。这类柔软剂有季胺盐类和烷基咪唑啉型。

1. 季胺盐类

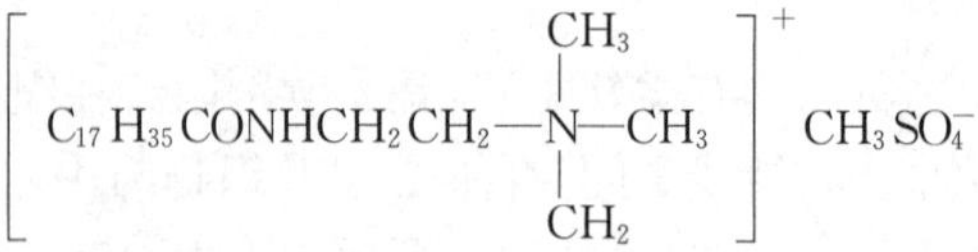

$$\left[C_{17}H_{35}CONHCH_2CH_2 - \overset{\overset{\displaystyle CH_3}{\displaystyle |}}{\underset{\underset{\displaystyle CH_2}{\displaystyle |}}{N}} - CH_3 \right]^+ CH_3SO_4^-$$

2. 烷基咪唑啉型

$$C_{17}H_{35}-C \underset{\underset{\displaystyle CH_2CH_2NHCOCH_3}{\displaystyle |}}{\overset{\displaystyle N = CH_2}{\underset{\displaystyle N}{\underset{\displaystyle \diagup}{\overset{\displaystyle \diagup CH_2}{}}}}} \cdot CH_3COOH$$

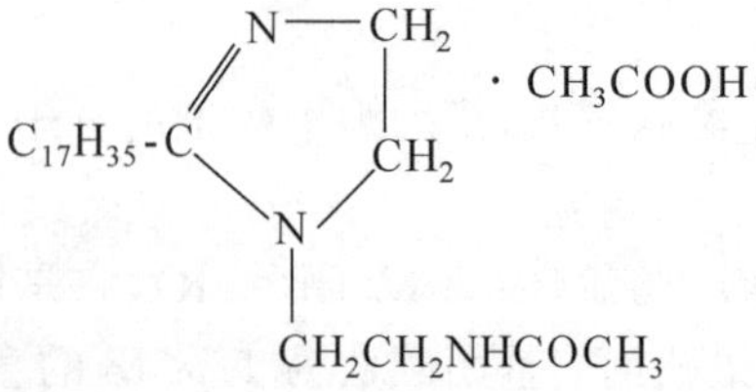

（二）两性柔软剂

两性柔软剂的柔软效果比阳离子型差一些，但对合成纤维的亲和力强，没有泛黄和使染料变色或抑制荧光增白剂等缺点。例如烷基甜菜碱型（十六烷基三甲基甜菜碱）：

$$C_{16}H_{33}-CH-COO^-$$

（三）反应型柔软剂

这类柔软剂分子中含有能与纤维素纤维分子或其他纤维分子反应的基团，耐磨、耐洗，称为耐久型柔软剂。其中双烯酮和乙烯亚胺衍生物被认为对人体有害，现已基本不用。这类柔软剂有以下几种：

1. 酸酐类衍生物

$$纤维-OH + \begin{matrix} R-CO \\ R-CO \end{matrix} O \longrightarrow 纤维-O-CO-R + R-COOH$$

2. 乙烯亚胺衍生物

$$C_{18}H_{37}-N=C=O + HN\begin{matrix} CH_2 \\ CH_2 \end{matrix} \longrightarrow C_{18}H_{37}-NHCO-N\begin{matrix} CH_2 \\ CH_2 \end{matrix}$$

十八异氰酸酯　乙烯亚胺

3. 吡啶盐

$$\left[C_{17}H_{35}-CO-N-CH_2-N \bigcirc \right]^+ Cl^-$$

（四）有机硅类柔软剂

有机硅柔软剂的发展经历了四个阶段，从乳化硅油到端羟基硅油、氨基硅油和其他取代基硅油，目前在织物柔软整理的应用中占主导地位。硅油或硅橡胶的乳液能使织物具有良好的柔软和平滑手感，并有一定的拒水性能。

硅油乳液是液态的聚二甲基硅氧烷的乳液，乳化剂用非离子表面活性剂，乳化均匀才有柔软效果，否则会使织物产生油斑，无柔软效果。聚二甲基硅氧烷的乳化较难，由端羟基二甲基硅氧烷制成乳化硅油较容易。有机硅橡胶的乳液中，有机硅的相对分子质量达 20 万，耐洗性良好，作为树脂整理的柔软组分，有助于提高干湿弹性及洗可穿性。为了改进有机硅柔软剂的柔软效果和耐洗性，在有机硅分子上接上取代基——氨基。氨基有机硅柔软剂在织物上定向排列程度高，柔软效果特别好，但织物在使用过程中易黄变。为改善这一缺点，可在有机硅柔软剂分子上接上其他基团——羧基、环氧乙烷基等。

1. 氨基聚硅氧烷柔软剂

$$-O-\underset{\underset{CH_2-CH_3}{\overset{CH_3}{|}}}{Si}-O \Bigg]_n O-\underset{\underset{(CH_2)_3NH(CH_2)_2NH_2}{\overset{CH_3}{|}}}{Si} \Bigg]_n$$

2. 羧基聚硅氧烷柔软剂

$$
-O-\underset{\underset{CH_2CH_2COOH}{|}}{\overset{\overset{CH_3}{|}}{Si}}-O-\Big]_n
$$

3. 环氧乙烷基聚硅氧烷柔软剂

$$
-O-\underset{\underset{CH_2-CH_2}{|\quad\quad|}\ \underset{O}{\diagdown\diagup}}{\overset{\overset{CH_3}{|}}{Si}}-O-\Big]_n
$$

（五）其他柔软剂

矿物油、石蜡、脂肪酸胺盐皂，制成乳液状态使用，对织物缝纫、起绒等有平滑、柔软效果，在高速条件下平滑性优良，主要在纺丝、卷绕工序用的纺织油剂中使用，但降低静摩擦因数的效果差，很少用作柔软整理剂组分。聚乙烯乳液中低相对分子质量聚乙烯经氧化处理，达一定酸值后用乳化剂乳化，能改善手感，提高柔软平滑性，并且不泛黄、不变色。

第二节 抗 皱 整 理

一、棉织物折皱起因

纤维素纤维织物容易起皱，需要进行抗皱处理。羊毛和丝织物的弹性比纤维素纤维织物好，但抗皱性又不如合成纤维，有时也进行抗皱处理。本节主要讨论纤维素纤维织物的抗皱整理。

织物上形成折皱是由于外力使纤维弯曲变形，放松后纤维未能完全复原，纤维从折皱中回复原状的能力差，即缺少弹性。纤维的弯曲像直棒弯曲，中心区域不受影响，外层受到拉伸，而内层受到压缩。纤维内各区域随所受应力不同而发生不同程度的拉伸或压缩形变，拉应力和压应力的方向相反，但导致纤维中的基本结构单位的变化相似。当外力去除后，形变随纤维品种、外力大小和作用时间长短而有不同程度的回复。纤维从弯曲状态的回复性能与它的拉伸回复性能有线性相关性。

纤维的形态（如长度、细度、卷曲度）以及纱线和织物的结构，都对织物的抗皱性有一定的影响。但织物折皱形成在根本上与纤维的化学结构和超分子结构有关。当纤维受到外力作用时，在纤维内部的无定形区域，分子链间变形，氢键断裂，基本结构单元发生相对位移，在新的位置形成新的氢键，如图 6-2 所示。

当外力去除后，纤维分子间未断裂的氢键以及分子链的内旋转，使应变区域有回复至原来状态的趋势，但由于在新的位置上形成的新氢键的

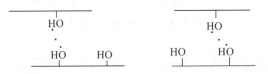

图 6-2　氢键的拆散和重建

阻滞作用,应变区域不能立即回复,往往要推迟一段时间,形成蠕变回复。如果拉伸时分子间氢键的断裂和新的氢键形成已达到充分剧烈的程度,使新的氢键具有相当的稳定性,则蠕变回复太慢,便出现所谓永久形变,形成折皱。

为提高纤维素纤维的弹性,在纤维素大分子间或结构单元间进行适度共价交联,实际上是提高纤维素纤维的弹性模量,使形变难以产生。树脂整理剂是一些多官能团化合物,缩聚后形成网络结构,沉积在纤维的无定形区,沉积的树脂通过物理机械作用,阻止纤维素纤维中大分子链段或基本结构单元的相对移动;另一方面,树脂整理剂与纤维素分子生成共价交联,使纤维在形变过程中因氢键拆散而导致的不能立即回复的形变减少。

二、抗皱整理剂

纤维素纤维织物的抗皱整理,通过在织物上施加抗皱剂,然后进行焙烘交联来完成。纤维素纤维织物的抗皱剂又称树脂整理剂,因为抗皱剂主要由合成树脂的初缩体组成。纤维素纤维织物抗皱整理按整理后的效果可分为防缩防皱整理、洗可穿整理和耐久性压烫整理三种。防缩防皱整理只赋予织物干防缩防皱性能。洗可穿整理既赋予织物干防缩防皱性能,又有良好的湿防缩防皱性能,织物洗涤后不用熨烫即可穿着。耐久性压烫整理可赋予织物和成衣挺括的永久性褶裥效果。

抗皱剂是一些有机小分子物,称为树脂预缩体,在处理织物时能渗透到纤维内部,在高温焙烘和催化剂作用下,自身交联或与纤维分子交联,达到抗皱目的。因此,抗皱剂也属于热固性树脂。

抗皱整理剂的种类很多,工业中普遍应用的是 N-羟甲基型的抗皱剂:

2D 树脂预缩体由二羟基乙撑脲和甲醛反应形成:

二羟基环次乙基脲　　　甲醛　　　　　　　　二羟甲基二羟基环次乙基脲

TMM(或称 HMM、M-F)由三聚氰胺和甲醛反应形成:

三聚氰胺　　　　　甲醛　　　　　　　　　三羟甲基三聚氰胺

　　上述反应过程在酸性或碱性条件下都能进行,是可逆反应。一般在中性或微碱性条件下进行羟甲基化,用氢氧化钠调节 pH 值至 8～9。在酸性条件下,反应会进一步形成长链或网络高分子。反应时的甲醛用量决定初缩体中—CH_2OH 的数量。

　　控制甲醛用量,对防皱性能有影响,甲醛用量多,整理后织物弹性高,但手感粗糙,甲醛用量少时,情况相反。由于甲醛有危害,游离甲醛的量应降低。

　　抗皱剂预缩体进入纤维与纤维素分子间反应,要在酸性催化剂条件下或金属盐催化剂条件下进行:

$$-\overset{\overset{O}{\|}}{C}-N-CH_2OH+H^+ \rightleftharpoons -\overset{\overset{O}{\|}}{C}-\underset{R}{N}-CH_2OH \overset{-H_2O}{\rightleftharpoons} -\overset{\overset{O}{\|}}{C}-\underset{R}{N}-CH_2^+$$

$$-\overset{\overset{O}{\|}}{C}-\underset{R}{N}-CH_2^+ +cell—OH \rightleftharpoons -\overset{\overset{O}{\|}}{C}-\underset{R}{N}-CH_2-O-cell \rightleftharpoons -\overset{\overset{O}{\|}}{C}-\underset{R}{N}-CH_2-O-cell+H^+$$

　　羟甲基型整理剂与纤维素分子之间的结合方式有如下几种:

1. 单分子支链状态结合

$$纤维素—O—CH_2—N\underset{\underset{OH}{CH}-\underset{OH}{CH}}{\overset{\overset{\overset{O}{\|}}{C}}{}}N—CH_2OH$$

2. 线性大分子交链状态结合

$$纤维素—O—CH_2—N\underset{\underset{OH}{CH}-\underset{OH}{CH}}{\overset{\overset{\overset{O}{\|}}{C}}{}}N—CH_2OCH_2—N\underset{\underset{OH}{CH}-\underset{OH}{CH}}{\overset{\overset{\overset{O}{\|}}{C}}{}}N—CH_2—O—纤维素$$

　　工艺流程:浸轧→预烘→焙烘→洗涤。

　　除此,还有湿态交联工艺、潮态交联工艺,潮态交联工艺具有最佳抗皱性。

　　纤维素纤维织物经抗皱整理后,防缩防皱性能有显著提高,但力学性能也发生明显变化,断裂强度、断裂延伸度、耐磨性和撕破强度都发生了不同程度的下降。由于存在这些缺点,并且树脂含有游离甲醛和释放甲醛问题,现已起用新型抗皱整理剂。

三、多羧酸类抗皱整理剂

　　多羧酸类物质用作抗皱整理剂是新近研究和应用热点,是无醛类抗皱整理剂中抗皱效果显著的一类物质。例如丁烷四羧酸(BTCA),其抗皱整理效果可以与 2D 树脂媲美,但它目前的价格与 2D 树脂相比还比较高,不利于广泛应用。

丁烷四羧酸为白色粉末,熔点 192 ℃,能溶解在水中,溶解度 130 g/L。其分子结构式为:

$$
\begin{array}{ccccc}
 & CH_2 & CH & CH & CH_2 \\
 & | & | & | & | \\
HOOC & & COOH & COOH & COOH
\end{array}
$$

丁烷四羧酸上的羧基能够在高温和催化剂条件下与纤维素分子中的羟基发生酯化反应,在纤维分子间形成交联,从而提高织物的防皱性和尺寸稳定性。其反应过程如下:

$$
\begin{array}{ccc}
CH_2\!-\!COOH & CH_2\!-\!CO\!\!>\!\!O & CH_2\!-\!COO\text{-}cell \\
CH\!-\!COOH & CH\!-\!CO & CH\!-\!COOH \\
CH\!-\!COOH & CH\!-\!CO & CH\!-\!COOH \\
CH_2\!-\!COOH & CH_2\!-\!CO\!\!>\!\!O & CH_2\!-\!COO\text{-}cell
\end{array}
$$
$+\ cell-OH$

丁烷四羧酸在棉纤维上反应,根据研究报道,是丁烷四羧酸先在催化剂和高温作用下失水形成酸酐,然后酸酐与纤维素分子中的羟基反应,形成纤维素酯而交联。所用催化剂是磷酸盐类,以次亚磷酸钠(NaH_2PO_2)的催化效果为最好。

除丁烷四羧酸外,其他多羧酸类物质也有一定的抗皱效果,如丙烷三羧酸、马来酸、柠檬酸等。这些物质与丁烷四羧酸一样,也能先形成酸酐,再与纤维素反应形成酯键交联。

四、抗皱整理工艺

(一) N-羟甲基型抗皱剂对棉织物的抗皱整理

整理液配方:

2D 树脂:	30 g/L
TMM:	40 g/L
$MgCl_2$:	10 g/L
柔软剂 VS:	20 g/L
润湿剂 JFC:	2 g/L

整理工艺流程:二浸二轧树脂液→预烘→拉幅烘干→焙烘→皂洗、拉幅、烘干。

树脂用量可依织物不同要求而定,棉织物上含 4%～8% 即可。氯化镁是催化剂,常温时加在树脂整理液中能稳定 8 h 以上,在高温焙烘时才催化预缩体发生反应。为提高效率,可使用复合催化剂,如金属盐与柠檬酸、草酸等混合使用。要注意催化剂对织物的损伤、变黄、变色等问题。

树脂整理液中加柔软剂是为了改善织物的手感,提高织物的撕破强力和耐磨性。润湿剂的作用在于使织物均匀吸收整理试剂,又不影响整理液的稳定性。

棉织物二浸二轧,带液率控制在 70%～80%,预烘采用红外线、高频加热或热风,防止泳移现象,焙烘温度通常在 150～160 ℃,3～5 min。焙烘中有甲醛逸出,车间应通风良好。焙烘后皂洗等处理可除去留在织物上的未反应的化合物、副产物、催化剂等,并除去副产物三甲胺的鱼腥味。

(二) 丁烷四羧酸(BTCA)对棉织物的抗皱整理

整理液配方:

BTCA:	6%

NaH$_2$PO$_2$：　　　　　3.3%

渗透剂 TX-100：　　　 0.1%

柔软剂：　　　　　　　1%

整理工艺流程：织物浸轧→预烘→焙烘→后处理。

棉织物通过二浸二轧，带液率约 75%，80 ℃预烘 2～5 min，然后 180 ℃焙烘 2 min 左右，再进行后续处理。

第三节　拒水、拒油整理

一、概述

防水整理自古有之，我国古代用桐油涂浸的油布做成雨伞、雨靴和雨衣，达到防水效果；近代则用橡胶涂布做成雨衣及蓬布，使织物表面形成均匀薄膜，依靠物理方法阻止水的透过。

防水整理在织物表面涂上一层不透水的连续薄膜，使织物孔隙堵塞，水、油和空气都不能透过，因而使用时有闷的感觉。为改善透气性，拒水整理得到发展。拒水整理是在织物表面施加一层水不能浸润的拒水性分子膜，但不封闭织物的空隙，使织物具有既拒水又透气的特性。拒油整理与拒水整理一样，在织物表面施加一层油不能浸润的分子膜，但不封闭织物的空隙，使织物具有透气性。

可见，织物的防水整理与拒水整理不同。防水整理是在织物表面涂布一层不透气的连续薄膜，如橡胶等，是利用物理方法阻挡水的透过，以致织物不透气、不透湿，穿着不舒适。而拒水整理是利用具有低表面能的整理剂，使水不能润湿织物。这种方法的最大优点是织物仍能保持良好的透气和透湿性，有助于人体皮肤和服装之间的微气候调节，穿着舒适。另外，它不会影响织物的手感，并且有助于改善服装的风格。拒水整理织物的特点是水在有限压力下不浸透织物，而人体散发的汗液等能以水蒸气的形式通过织物传导到外界，不在人体表面与织物之间冷凝积聚。因此拒水整理织物主要用作服装面料。

二、拒水、拒油原理

拒水拒油以织物的低润湿性为前提。在纺织品的加工和应用过程中，润湿性非常重要。润湿是一个复合过程，受纺织品的纤维结构的影响而变得更加复杂。纺织品的染色、净洗过程希望织物有高的被润湿性，而拒水、拒油相反，需要织物有低的被润湿性。

纺织品的润湿在本质上可由润湿方程描述。润湿方程也称为 Young 方程，提出了固体平面的一个液滴受到三个平衡力的作用：

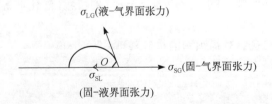

$$\sigma_{SG} - \sigma_{SL} = \sigma_{LG} \cos \theta$$

$$\cos \theta = \frac{\sigma_{SG} - \sigma_{SL}}{\sigma_{LG}}$$

式中:θ指固-液-气三相边界处的接触角。

当$\theta = 0°$时,液滴在固体表面完全铺平,表示固体表面被液滴完全润湿;当$\theta = 180°$时,液滴为圆珠形,这是一种理想的不润湿状态;当$\theta > 90°$时,表示固体有拒水效果。

在拒水整理中,因为织物需要抗拒雨水等天然条件水体润湿,可将液体的表面张力(σ_{LG})看作是不可更改的常数。因此,液体能否润湿固体表面,取定于固体的表面张力(σ_{SG})和液-固的界面张力(σ_{SL})。从拒水要求而言,$\sigma_{SG} - \sigma_{SL}$应为负值,即$\theta > 90°$;实际上,$\theta$远大于$90°$才具有良好的拒水效果。

Young方程从热力学进行推导,研究表明,虽然它只适用于理想体系的平衡状态,即理想体系的表面必须是光滑、均一、不透水也不变形的固体平面。而在实际体系中,平衡接触角并不是一个单一值,有前进接触角、后退接触角。这种滞后现象是由于固体对液体发生吸附作用以及固体的表面能、表面的不均一性或固体表面的粗糙度发生变化造成的。

纤维的种类不同,其接触角也不同,吸湿性、膨润性小的纤维,接触角较大。习惯上,棉和黏胶纤维称为亲水性纤维,与水的接触角较小;合成纤维与水的接触角较大,称为疏水性纤维。其中有些例外,如羊毛的接触角较大,与其表面的鳞片层结构有关。但水在各种纤维表面的θ都小于$90°$,所以拒水性不算好。

三、拒水、拒油条件

液-固界面间的相互作用决定了润湿性大小,织物上一个液滴自动展开还是缩成圆珠,可用附着功W_A或者铺展系数判断。

附着功是指分离单位液-固接触面积所需之功,它是液-固界面的结合能力及两相分子间的相互作用力的表征:

$$W_A = \sigma_{SG} + \sigma_{LG} - \sigma_{SL}$$

说明在此过程中产生两个新表面,其张力分别为σ_{SG}和σ_{LG},撕裂后σ_{SL}已不存在。但实际上无法测量附着力,只能由σ_{SG}、σ_{LG}和σ_{SL}来计算附着力:

$$W_A = \sigma_{LG}(1 + \cos \theta)$$

上式表明,附着力是接触角θ的函数,若θ值小,则W_A值大,即固体容易被液滴润湿;反之,固体具有不同程度的抗润湿性能。

拒水和拒油整理是使整理后的织物表面具有不被水和油润湿的性能,也就是增大其与水和油的接触角θ,降低它们之间的附着力。

哈金斯等人应用附着力和内聚力的定义,给出了液滴在固体表面的铺展系数和界面张力的关系:

$$S = W_A - W_C$$

式中:W_C为内聚功,表示分离单位面积液柱所需之功。

当附着功等于内聚功时,接触角为零,这时液体在固体表面完全铺开。

由于$\cos\theta$不能超过1,当$\sigma_{SG}=\sigma_{LG}$、$\sigma_{SL}=0°$时,$W_A=2\sigma_{LG}=W_C$,所以:

$$S = \sigma_{SG} + \sigma_{LG} - \sigma_{SL} - 2\sigma_{LG} = \sigma_{SG} - (\sigma_{LG} + \sigma_{SL})$$

当$S>0$时,液滴在固体表面铺展,即润湿或渗透。

当$S<0$时,液滴在固体表面不铺展,即呈珠状。

因为$\sigma_{SL}\leqslant\sigma_{LG}$,可忽略不计,若要水或油滴在固体表面呈珠状,则必须使固体的表面张力σ_{SG}小于液滴的表面张力σ_{LG}。

雨水的表面张力为53 m/Nm,一般的食用油的表面张力为32~35 m/Nm,所以要使织物拒水,界面张力必须小于53 m/Nm;要拒油,界面张力必须小于32 m/Nm。

四、拒水、拒油剂

(一) 铝皂类拒水剂

最古老的拒水剂之一是以醋酸铝在纤维上水解形成碱性醋酸铝和结构尚未确定的氢氧化物。其缺点是黏着力差,而且易起灰尘。改进的方法是先以水溶性的肥皂施加于织物上,然后用铝盐,如醋酸铝、甲酸铝或硫酸铝,使其形成铝皂而沉积于织物上。

铝皂虽不溶于水,但可溶解于碱性净洗剂溶液,所以,铝皂整理品的耐洗牢度较差,而锆皂的疏水性和耐洗性都比铝皂好。因此,用醋酸锆或氯氧化锆代替铝盐,可有效地改善整理品的耐久性。铜盐可作为拒水剂应用,也有杀菌作用,并可使织物免于腐烂变质。

(二) 蜡和蜡状物质

最古老、最经济的拒水整理方法是用疏水性物质,如石蜡涂于织物表面。石蜡和蜡状物质可以固态形式应用于织物,然后加热,使其成熔融状态,或以有机溶剂及乳液的形式应用。醋酸铝和甲酸铝的石蜡乳液曾是棉织物最重要的拒水整理剂。

(三) 吡啶型拒水剂

氯化硬脂酰胺甲基吡啶可通过轧-烘-焙工艺施加于纤维素纤维织物上。在此反应过程中,有吡啶释放,产生不愉快的气味,因此,整理织物焙烘后必须进行清洗。吡啶型拒水剂与含氟拒水剂共同应用可产生协同效应,由此产生持久的防雨作用,并有很好的耐洗性。但由于其毒性,目前用量有所减少。

(四) 有机硅(聚硅氧烷)拒水剂

用于纺织品拒水整理的有机硅是以硅氧为主链的聚合物,称为聚硅氧烷。聚硅氧烷中的取代基R可以为氢、羟基、烷基、芳基或烷氧基,聚合物主链上的取代基可以相同也可以不同。用于纺织品整理的有机硅的取代基通常是甲基或氢。聚二甲基硅氧烷在纤维表面可形成柔性薄膜,赋予整理品柔软手感。为使整理品达到足够的拒水性,需要非常高的熔烘温度。使用催化剂才可能降低反应温度。聚二甲基硅氧烷在有机过氧化物存在的条件下,在棉织物上进行交联时,可产生高的拒水性能及柔软手感。

有机硅整理织物的拒水性是由于纤维表面覆盖有聚硅氧烷薄膜,氧原子指向纤维表面,而甲基远离纤维表面定向排列。当有机硅薄膜在洗涤时,由于纤维溶胀而受到破坏,虽然聚合物并未减少,但可能失去拒水性。有机硅聚合物在纤维表面适当地定向排列也是具有拒水性的必要条件。应用添加剂,可促使硅烷基团定向排列或者交联。

由于大多数织物在水中的表面电位为负值,乳化的聚硅氧烷应采用阳离子表面活性剂,聚硅氧烷经浸轧,而后烘干,并于 $120\sim150$ ℃下焙烘数分钟,有 $1\%\sim2\%$ 的聚硅氧烷沉积于织物上。

(五)含氟化合物拒水拒油剂

含氟烃类化合物既能拒水又能拒油,而有机硅和脂肪烃类化合物拒水剂只有拒水作用,含氟烃类化合物的拒油性与其具有特别低的表面能有关。

含氟烃类化合物的拒水拒油性能,取决于分子中氟碳链段和非氟碳链段的结构、氟碳链段末端的取向、纤维上含氟烃基的数量和分布以及织物的组成和几何形状。大部分工业化使用的含氟聚合物拒水拒油剂,是聚丙烯酸酯或甲基丙烯酸酯类,侧支含氟化基团:

$$
-\left[\begin{array}{c} CH-CH_2 \\ | \\ C=O \\ | \\ O-(CH_2)_{2-3}\,C_nF_{2n+1} \end{array}\right]_n
$$

含氟聚合物适用于合成纤维和天然纤维的织物的拒水拒油整理。纤维素纤维织物的整理处方中含有交联剂,可以提高含氟聚合物整理的耐久性,改善织物抗皱性,提高洗可穿和耐久压烫性能,常用的交联剂有三聚氰胺、三嗪或变性三嗪、氨基甲酸酯或乙二醛型化合物。由于含氟聚合物和有机硅不同,不能赋予织物柔软性,因此必须加入柔软剂。

含氟聚合物拒水拒油剂整理可通过浸轧法、喷射法或竭染法进行,通常采用浸轧法,在 $120\sim180$ ℃下烘干,而后在 $150\sim180$ ℃下焙烘 $1\sim3$ min;和树脂同浴使用时,需进行洗涤处理,并于 $150\sim175$ ℃下烘干。

第四节 阻 燃 整 理

一、意义

因纺织品着火而导致的火灾造成人民生命财产的严重损失,近年来国内纷纷建造了高层住宅和宾馆,对室内装饰用品的阻燃要求越来越高,因此提高纺织品的阻燃性能对确保安全和减少火灾事故的发生有极其重要的现实意义。

常见的纺织纤维都是有机高聚物,容易燃烧。纺织纤维在 300 ℃左右会裂解,生成的部分气体与空气混合,形成可燃性气体。这种混合可燃性气体遇到明火会燃烧。随着合纤的大量应用,如果一旦不慎着火,由于合纤易燃、易熔,这种熔体黏稠液或熔滴会很快地黏附人体皮肤而造成深度灼伤,故阻燃整理已为人们日趋重视。

二、阻燃整理要求

经过阻燃整理的纺织品要求有以下性能:

(1)具有良好的阻燃性能(质量指标:极限氧指数、炭化长度、余燃和阴燃等)。

(2)有较好的耐久性(耐水洗、耐干洗、耐气候性)。

（3）不影响手感（不发黏、粗糙和硬挺等）。

（4）织物强力下降不多。

（5）织物上无整理不匀、水滴变色等缺点。

（6）使用时无气味，不会使接触材料损伤或生锈。

（7）不会使染色布变色、褪色，对色牢度无影响。

（8）不产生泛黄现象。

（9）无毒性，对皮肤无刺激或不良影响。

（10）燃烧后产生的烟雾无毒性。

（11）价格合理，成本增加不多。

织物阻燃效果的获得有两种方式。一种是在化学纤维纺丝时添加阻燃剂，即将阻燃剂与纺丝原液混合，或将阻燃剂添加到聚合物中再纺丝，使纺出的丝具有阻燃性能；另一种是整理型，即在纤维或织物上进行阻燃整理。对产品来说，要满足实际使用要求，有时单靠一种方式还不够，有些阻燃产品还可以依靠阻燃纤维混纺来解决。

在纤维或织物上进行阻燃整理，对阻燃整理工艺的理想要求如下：

（1）选择效果优良的阻燃剂。

（2）在现有的织物染整加工设备上，不需要特殊装置或添加特殊设备，便可进行阻燃整理。

（3）对染色及助剂无影响。

（4）无环境污染问题。

阻燃整理工艺可根据产品的不同要求选择，一般有几种方式，即浸轧法、浸渍烘燥法、有机溶剂法、涂布法及喷雾法。目前，阻燃整理产品要在性能上、工艺上全部达到上述要求还比较困难。例如，在阻燃织物的耐久性方面，目前仅棉纤维织物较好，其他纤维织物还在不断改进。而且棉纤维织物经阻燃整理后，手感和强力变差，要加入柔软剂等加以改善，成本增加很多。

三、纺织品燃烧过程

纺织品燃烧过程包括加热、熔融、裂解和分解、氧化及着火等步骤，如图6-3所示。纺织品加热后，首先是水分蒸发、软化和熔融等物理变化，继而是裂解和分解等化学变化。燃烧过程为：热传导→吸热→裂解或分解→空气混合→燃烧与蔓延→排出物。

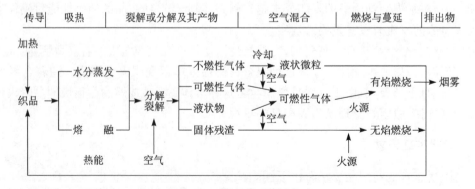

图6-3 纺织品燃烧过程

纺织品燃烧后的物理变化与纺织纤维的比热容、热传导率、熔融热和蒸发潜能等有关，化学变化取决于纤维的分解和裂解温度、分解潜热。当裂解和分解生成的可燃性气体与空气混合达到可燃浓度时，才能着火。由此产生的燃烧热使气相、液相和固相温度上升，燃烧继续发生，影响这一阶段的因素主要是可燃性气体与空气中的氧气的扩散速率和纤维的燃烧热。要使燃烧不向邻近部分蔓延，燃烧过程中散失的热量必须不影响邻近纺织品。

根据对热的作用性质，纤维可分为两类，一类是热塑性纤维，另一类是非热塑性纤维，两种纤维的燃烧表现不同。

热塑性纤维具有 T_g、$T_m < T_p$、T_c 性质，非热塑性纤维具有 T_g、$T_m > T_p$、T_c 性质。其中，T_g 为纤维的玻璃化温度，T_m 为纤维的熔融温度，T_p 为纤维的热裂解温度，T_c 为纤维的燃烧温度。

非热塑性纤维在加热过程中不会软化、收缩和熔融，热裂解的可燃性气体与空气混合后，燃烧生成炭化物。此类纤维有各种天然纤维、阻燃纤维和耐高温纤维。

热塑性纤维在加热过程中，当温度超过 T_g 时会软化，达到 T_m 时熔化变成黏稠橡胶状，燃烧时熔融物易滴落，造成续燃困难，高温熔融物会黏着皮肤而造成深度灼伤。此类纤维有涤纶、锦纶等合成纤维。

涤、棉纤维的混纺织物，由于既有棉织物的舒适性，又有涤纶的免烫性和耐磨性，所以深得消费者欢迎。但是涤织棉纤维混纺织物的燃烧性质比纯纺织物更为剧烈而有害。棉纤维受热到 350 ℃ 就开始热分解，而涤纶纤维到 420～147 ℃ 才分解。棉纤维受热后很容易产生可燃的热解气化物，如有足够的氧存在，就会燃烧。涤纶纤维具有热塑性，会在棉组分热解之前发生收缩，然后开始熔融。纯涤纶纤维织物遇热收缩后，很可能因此脱离引起燃烧的热源，以后进一步熔融成为液滴，将能量从织物上传送出去，从而产生自熄作用。但涤、棉纤维混纺后，情况完全不同。熔融的涤纶纤维组分会涂覆在热解棉纤维的表面，棉的碳状焦炭却阻止织物收缩，因而不会自动脱离燃烧的热源。实际上，纤维状的碳状焦炭不仅支托了熔融的涤纶，还会把熔融体芯吸到火源中，增加了着火区燃料的供应。这种情况称为搭架作用或者焰芯效应。涤/棉混纺织物的极限氧指数较低，除了上述搭架作用外，还可能是两种纤维在燃烧过程中相互影响的结果。

纺织品的燃烧危害性主要包括三个方面：着火性、火焰的蔓延性和燃烧的毁坏性。这三个方面都会产生烟和燃烧气体，均有一定的毒性。

四、阻燃原理

针对纺织品的燃烧进行阻燃研究，解释阻燃剂的阻燃作用机理有以下几点：

（1）阻燃剂吸热反应产生阻燃作用。受热过程中，阻燃剂和纤维在同样的温度下分解，阻燃剂吸收燃烧过程产生的大量热量。

（2）阻燃剂分解生成不燃性气体。热解过程中，阻燃剂释放不燃性气体，阻止或冲淡纤维表面的氧气与火焰接触。

（3）熔化理论。在热和能量的作用下，阻燃剂转变成熔融状态，在织物表面形成不能渗透的覆盖层，使空气不易与纤维表面接触，也阻止了从织物表面释放可燃性气体。

（4）形成阻止火焰扩张的自由基。阻燃剂吸热转变成气体，该气体能捕捉燃烧过程中活泼性较高的自由基，因而使燃烧过程释放的热量减少。

(5)脱水理论。阻燃剂使纤维素纤维发生脱水反应,在一定程度上抑制其热解。

阻燃剂对纺织材料的阻燃技术多种多样,并且随着新型纤维及其织物以及适合于各种聚合物及其纺织品的阻燃剂的发展而发展。

根据阻燃剂对纺织品的整理方式及耐久性,阻燃剂可分成以下三类:

(一)非反应性体系

阻燃剂和纤维之间不发生化学反应,在大多数情况下,只产生物理-化学的交互作用。例如黏着于纤维表面,或者渗入纤维结构内,对微原纤产生附着力;也可借助于范德华力,在纤维的低侧序区产生分子间的结合力;可对纺织产品(如机织物、针织物或非织造物)进行整理,也可在纤维成形前加入聚合物中,或在纺织加工前应用。整理剂和添加剂通常都是外施加材料,由于对纺织材料的浓度高达 10%～30%,所以可能会改变纺织材料的性能和特性。

(二)反应性体系

阻燃整理在纤维成形后或者制成织物及染色后进行,整理过程中发生化学或物理-化学反应。通常采用轧-烘-焙或其他整理工艺。因此,需要激烈的处理条件,如升高温度或高温辐射处理。但焙烘中可能产生副反应,引起纤维降解、氧化、水解甚至热损伤,有时甚至对织物性能有较显著的影响。

反应活性阻燃剂可提高耐久性,例如经受 50 次以上的水洗,整理纺织品的阻燃性能无明显变化。

(三)阻燃纤维体系

以一定比例与主单体和主要原料单体共聚,以形成新的聚合物,然后转变成纤维,产生一种新的纤维形态结构,具有不同的结晶度、取向度、密度和玻璃化温度,从而改变纺织加工条件及物理力学性能。

另一方面,可利用特殊单体进行聚合,以产生新的聚合物,然后变成纤维。新加工工艺需考虑单体的化学性能,以及这些新型材料和传统纤维产品之间存在很大的差异。

五、常见纤维织物的阻燃整理

(一)棉织物的阻燃整理

1. 暂时性阻燃整理

该法使用的阻燃剂大部分是水溶性的,不耐久,主要有氯化铝、氧化锡和氯化石蜡、硼砂和硼酸、磷酸盐、硫酸镁和硅酸钠、铜、钛或锆盐等。织物经浸轧烘干即可,也有采用二浴浸轧法的。此类阻燃剂在国际市场上数量不少,约有 68 种。

2. 半耐久性阻燃整理

这类整理能够耐数次洗涤,整理方法很多。例如尿素-磷酸法,处理溶液主要为磷酸、尿素,摩尔比 1:4,含固量约 68%,采用轧烘焙工艺。处理后的织物要求磷含量 3%,部分纤维素变性为纤维素磷酸铵。

纤维素织物整理后强力损失较大。若用铵盐代替磷酸,效果更好。

3. 永久性阻燃整理

永久性阻燃整理是以 THPC(四羟甲基氯化磷)为基础的阻燃整理。THPC 结构示意式为:

$$\left[\begin{array}{cc} \text{HOH}_2\text{C} & \text{CH}_2\text{OH} \\ & \overset{+}{\text{P}} \\ \text{HOH}_2\text{C} & \text{CH}_2\text{OH} \end{array} \right] \text{Cl}^-$$

THPC 是美国南方地区研究所首先用于棉的磷系阻燃整理剂,它易与氨、伯胺、仲胺、尿素、三聚氰胺等酰胺类化合物反应,形成含 P—C—N 键的网状立体结构。由此发展了许多以 THPC 为中心的阻燃整理方法。

(1) THPC-酰胺法。

THPC 17%,羟甲基三聚氰胺 10%,尿素 10%,三乙醇胺 1%~4%,用轧烘焙工艺整理。织物耐洗性很好,但手感略硬,强力下降较大。

(2) THPC-氧化锑-有机氯化物。

配方中加入氧化锑和有机氯化物,如聚氯乙烯和氯化石蜡,使用量较 THPC-酰胺法大,以进一步提高阻燃性。现已被广泛应用。

(3) THPC-溴化烯丙基磷酸酯(或磷腈类阻燃剂)。

溴化烯丙基磷酸酯或氯化磷腈烯丙酯能以水乳化液形式直接加入 THPC-酰胺配方中。这种加成物具有较高的阻燃效果,但由于价格较贵,应用受到限制。

(4) THPC-氨腈化合物。

用 THPC、氨腈化合物和磷酸的水溶液,以轧烘焙工艺整理的棉织物有较好的阻燃性及良好的外观和手感,阻燃剂对色光无影响,但织物撕裂强力损失约 50%。该阻燃剂能抑制烟气的产生。抑制阻燃织物燃烧时产生的烟气量是当前阻燃研究的一大课题,因此该阻燃剂的应用研究大有前途。

(5) THPC 转变 THPOH。

THPC 与氢氧化钠反应的产物为 THPOH,至今还不能完整地对这种织物加以表述。THPOH 溶液的 pH 值不能超过 7.5~7.8。

THPOH 加氨水,整理的织物不硬化,且织物强力增加为原织物的 25%。

THPOH 加羟甲基三聚氰胺及脲的阻燃剂,整理后的织物手感柔软,强力下降 10%~20%,广泛用于被单等织物。

THPOH 与铜盐按 4∶1 摩尔比加入 THPOH 溶液,生成络合物阻燃剂。该阻燃剂价格较 THPOH 低,对织物手感、强力稍有影响。铜使织物略带浅蓝色。

(6) THPC-APO 法。

THPC 与 APO(三氮丙啶基磷化氧)混合物是棉织物的良好阻燃剂,150 ℃下焙烘 4 min,这些化合物能够共聚并与纤维素反应。整理后的织物柔软,断裂强力损失 20%,撕裂强力损失 40%,耐久性优良。但 APO 有毒,具有很强的化学活性,操作时必须十分小心。

(二) 涤纶织物的阻燃整理

涤纶织物的暂时性阻燃整理应用不多,主要使用磷化合物阻燃剂,大多用于帘幕和车辆内的有关织物。

涤纶织物的半耐久及耐久性阻燃整理,广泛使用阻燃整理剂(2,3-二溴丙基)磷酸酯

（TDBPP）。自 20 世纪 70 年代末发现其具有致癌性而停产后，已开发出新的涤纶阻燃剂，应用较多的有环状磷酸酯齐聚物、六溴环十二烷（HBCD）、十溴二苯醚（DBDPO）等。

（三）毛织物阻燃整理

早期的羊毛织物阻燃整理采用硼砂-硼酸溶液浸渍，由于不耐水洗，很快被淘汰。金属络合物钛-锆的羧酸络合物、钛-锆的氟络合物、钨的络合物用于整理羊毛织物，能获得满意的阻燃效果。

（四）尼龙织物的阻燃整理

尼龙织物中最普通的是尼纶 6 和尼纶 66，其阻燃整理可用高浓度磷化物、高浓度卤化物、金属化合物及其络合物、硫化物等阻燃剂。

（五）腈纶织物的阻燃整理

腈纶织物比尼纶和涤纶织物容易燃烧，理想的阻燃整理方法目前还不多，相关阻燃剂主要是磷、硫、氮、卤的化合物，有机磷溴化物是目前较好的腈纶织物阻燃剂。

（六）混纺织物的阻燃整理

混纺织物由两种或两种以上的纤维混合，再经过纺纱、织布而制成，阻燃整理效果比单种纤维织物差。目前为止，研究最多的属涤/棉混纺织物。目前的阻燃整理中采用混合型阻燃剂，例如含溴化合物和三氧化二锑协同阻燃，加入适当的黏合剂（如丙烯酸酯等），其中溴化物可采用十溴联苯醚。

六、阻燃织物的测试方法

阻燃织物的阻燃性能因使用场合不同、性能要求不同而有不同的测试方法，以下是常用几种试验方法：

（一）简便试验方法

火柴试验是最方便的一种阻燃测试方法，不需要仪器设备，操作简单，而且能比较和考核织物阻燃性能。试验步骤如下：

试样尺寸：2.54 cm×5.08 cm。

燃烧条件：火柴点燃后，放在条状试样下面，燃烧至火柴烧完（约 15 s），如果试样燃烧不超过 5 s 为合格，超过中线或阴燃超过 15 s 为不合格。

（二）极限氧指数试验法

该方法主要测定最低百分体积的含氧量，该含氧量能使织物在规定条件下维持缓慢燃烧。试验时将试样（12.7 cm×0.63 cm×0.32 cm）垂直放于玻璃烟囱中间，控制氮、氧混合比例，观察能使织物燃烧最低的含氧百分率，即为该样品的极限氧指数。

$$极限氧指数 = [O_2/(O_2+N_2)] \times 100\%$$

（三）烟雾密度试验法

烟雾密度指在一定条件下一定尺寸的织物燃烧时产生的烟雾对视线的遮盖程度。这一指标有一定重要性，如果织物燃烧时产生的烟雾密度较高，发生火灾后，人们就难以由安全门逃出，也不易找到燃烧火源，以便及时将火源熄灭。烟雾密度一般可以用光吸收程度和光密度等方法测定。测试方法多采用国际标准局规定的方法。

第五节 抗静电整理

一、静电产生

静电现象是一种普遍存在的电现象,静电技术现已得到广泛的应用,如静电除尘、静电分离、静电喷涂、静电植绒、静电复印等。同时,静电所产生的危害十分巨大,石油、化工、纺织、橡胶、印刷、电子、制药以及粉体加工等行业由静电造成的事故很多。日常生活中产生的静电有可能对人体产生危害,合成纤维易产生静电,如何消除静电给人们生活及工作带来的不便成为一个新的研究课题。

几乎任何两个物体的表面相互接触摩擦和随后的分离都会产生静电。所有的物质都是由原子组成的,而原子由带正电的原子核与带有等量负电荷的绕着原子核旋转的电子组成。两个物体表面之间的接触可能使电子跨越界面在两个方向连续流动。即使是相同的材料,一个表面也可以从另一个表面得到其失去的电子。当两个表面分开时,由于电子分布的变化,使接触的每一材料产生数量相等而符号相反的电荷。带有多余电子的材料带负电荷,而缺少电子的材料带正电荷。

如果相互接触摩擦的物体是导体,当物体分离时,通过电子的瞬间反向流动,使电子数目平衡;如果是绝缘体,则电荷可持续存在相当长的一段时间,从而分离产生静电现象。材料的导电性越低,则所带电荷越多。摩擦起电表示通过物体上的摩擦作用产生电荷。纺织材料的静电现象主要由摩擦起电引起。各种材料可用不同的摩擦带电序列列表或分类。

纺织纤维的摩擦带电序列依次为:羊毛、尼龙、蚕丝、黏胶纤维、玻璃纤维、棉、苎麻、醋酯纤维、涤纶、腈纶和聚乙烯。在排列序列中,前面的极性大,后面的极性小,因而相互摩擦的两种材料,排在序列前面的带正电,排在序列后面的带负电。

二、抗静电原理

纺织品生产和应用中,抗静电原理从控制电荷的产生和电荷的泄漏两方面进行。

控制电荷的产生有以下几种方法:

(1)减少接触摩擦,降低摩擦因数。例如羊毛上加和毛油,纺丝时加油剂,以增加纤维的润滑性;或提高加工设备的光滑性,如镀铬,同时可降低摩擦压力和摩擦速度,以减少起电。

(2)使用摩擦起电序列中相接近的材料,材料起静电性越接近,摩擦产生的电荷量越少。

(3)提高环境的相对湿度。例如织造车间给湿,使起电减少。

(4)使用能产生相反电荷的材料,使产生的电荷相互抵消。例如涤纶与棉混纺,涤纶与钢丝摩擦带负电荷,棉与钢丝摩擦则带正电荷,涤/棉混纺便可中和正电荷和负电荷。

将产生的电荷迅速泄露是抗静电的有效方法。消除静电可用消电器,也可迅速向大地泄漏。常用方法有以下三种:

(1)接地法。把带电物体与大地相接,导走多余电荷。

(2)提高周围环境湿度。高分子材料的表面电阻随相对湿度的提高而降低。当相对湿度达到一定数值时,表面电阻下降便快,在相对湿度大于70%时,有消除静电的效果。

（3）增加材料的电导率。这是抗静电的最基本和最重要的方法。

增加材料的电导率有很多方法,以下几种为常用的方法:

① 内用抗静电剂:在高聚物如橡胶、纸张、塑料、纤维中掺入抗静电整理剂,能达到持久的抗静电效果,但要求掺入的抗静电剂能与其相容,并具有成型稳定性、可加工性,以及对金属无不良影响,更要注意其毒性。

② 外用抗静电剂:在材料外部喷洒、浸渍或涂布抗静电剂,一般是暂时性的,不耐久。纺丝时加油剂及纺织品后加工时大多数抗静电整理均属此法。

③ 外用持久性抗静电剂:在高聚物后加工时加入抗静电剂,使材料与抗静电剂成阴阳离子吸附,或经热处理进行交联,或用黏合剂固着在纤维上,使之具有耐洗的抗静电性能。

④ 材料表面改性:在材料表面形成有抗静电作用的亲水性高聚物表皮层。例如在聚酯纤维上用聚乙二醇与PET的共聚物做皮层,也可以用接枝法提高吸湿率。

⑤ 与导电材料混用:将高聚物与导电材料(如金属、石墨)混用,通常混入0.05%～2%的导电材料,就能获得持久性的抗静电效果。

三、抗静电整理

织物的抗静电特性的获得通常有几种途径:一是织物中含有抗静电纤维;二是导电纤维与其他纤维混纺或交织;三是普通织物的抗静电剂整理,这里主要介绍这种方法。同其他方法相比,对织物进行抗静电剂整理的方法,具有加工简单、见效快、投资少等特点,能适应目前纺织品市场多变的要求。

用抗静电剂对普通织物进行整理,通常有以下三种方法:

（1）浸轧法。织物浸渍抗静电剂溶液后,通过轧辊挤轧,以控制其带液量,轧辊数目不同,可对织物进行多种形式的浸轧。工艺流程通常为:浸轧→干燥→焙烘、浸轧→干燥→汽蒸、浸轧→汽蒸。

（2）涂层法。利用涂层刮刀将含有抗静电剂的涂料刮涂于布面。刮刀形状多种多样,选择不同刮刀,可获得不同厚度的涂层薄膜。

（3）树脂法。对非直接热熔树脂型抗静电剂,可用上述浸轧、涂层方式固化在织物表面。而直接热熔型树脂型抗静电剂需利用较特殊的设备进行直接热熔,而后固着在织物表面,或采用层压方式形成连续性抗静电薄膜。

抗静电剂的主要种类有:阳离子季胺盐型表面活性剂,阴离子型磷酸盐、磷酸盐表面活性剂,脂肪酸多元醇酯、聚氧化乙烯亲水基的非离子型表面活性剂,丙氨酸盐类两性表面活性剂,聚丙烯酸衍生物类高分子型抗静电剂。

四、抗静电性能测试

织物的抗静电性能可以用表面比电阻、半衰期 $t_{1/2}$、静电压表示。

表面比电阻表示纤维材料的静电衰减速度,在数值上等于材料的表面宽度和长度都等于1 cm时的电阻,单位为 Ω。纤维的表面比电阻 R_s 小于 10^9 Ω 时,抗静电效果良好。

半衰期也是衡量织物上的静电衰减速度的物理量,表示织物上的静电荷衰减到原始数值的一半时所需的时间,单位为 s。纺织品相互摩擦或与其他物品摩擦后,摩擦起电或泄电达到平衡时的电压值为静电压,一般认为静电压在500 V以下时织物具有抗静电性能。

第六节 抗菌整理

一、概述

纺织品在穿着过程中会沾污很多汗液、皮脂及其他人体分泌物,同时会被环境中的污物沾污。这些污物是各种微生物繁殖的良好环境,因此在致病菌的繁殖和传递过程中,纺织品是一个重要媒介。若能赋予纺织品抗菌功能,则不仅可避免纺织品因微生物侵蚀而受损,并且可以截断纺织品传递病菌的途径,阻止致病细菌在纺织品上繁殖,阻止细菌分解织物上的污物而产生臭味和所导致的皮炎及其他疾病。

纤维和纺织品经抗菌处理后能杀灭金黄色葡萄球菌、大肠杆菌、指间白癣菌、白色念珠菌、尿素分解菌等细菌和真菌,能预防传染性疾病的传播,防止内衣裤和袜子产生恶臭味,防止袜子上的脚癣菌繁殖,防止婴儿因尿布而生红斑,提高病人和老人的免疫能力,而且可以在医院内预防交叉感染,同时可以防止纤维受损。由于具有杀灭黑曲霉菌、球毛壳菌、结核杆菌和柠檬色青霉素等霉菌的作用,可以防止纤维变色、脆损和纺织品在贮藏时发生霉变。

二、抗菌原理

纺织品抗菌整理主要针对细菌进行。细菌是单细胞的微生物,其基本结构包括细胞壁、细胞膜、细胞浆、细胞核。细胞壁在细胞的最外层,主要起维持细菌形状的作用。细胞膜处于细胞壁的内侧,其基本结构是平行的脂类双层,大多数是磷脂,少数是糖脂,具有物质转运与营养、呼吸及生物合成作用。细胞浆中含有多种酶系统,是细菌合成蛋白质和核糖核酸的场所,即细菌进行新陈代谢的场所。细菌为原核细胞,其遗传物质称为核质,一般在菌体中部。

抗菌整理的原理是抑制细菌的壁、膜、浆酶、核蛋白各种生物作用,达到抑菌、抗菌的目的。

例如广谱抗菌剂——金属银,当微量银离子接触细胞膜时,由于细胞膜主要由带负电荷的磷脂组成,根据物理学上异性电荷相吸的原理,银离子依靠库仑力可以牢固地吸附于细胞膜上,由于细胞膜具有呼吸功能,因而会干扰细胞的呼吸作用。此时,细菌虽然有某些生理功能被破坏,但仍然具有一定的生命力,等银离子聚集达到一定程度后,会穿透细胞膜而进入细胞浆内部,滞留在胞浆酶颗粒上,并与巯基反应,使细菌的蛋白凝固,抑制细胞浆内酶的活性,从而导致细菌死亡。

例如壳聚糖作为纺织后整理中的抗菌剂,来自天然材料,是天然多糖中唯一的碱性多糖,具有许多特殊的物理、化学性质及生理功能。壳聚糖的抗菌机理主要是其含氨基侧基,能结合酸基分子,即使壳聚糖带阳荷性,它也能与细菌蛋白质中带负电的部分结合,从而使细菌或真菌失去活性。壳聚糖的抑菌能力取决于壳聚糖的相对分子质量及官能团,小相对分子质量的壳聚糖渗透到微生物内部,阻止 RNA(核糖核酸)转化,从而抑制细菌生长。

三、纺织品抗菌整理剂和整理方法

纺织品抗菌加工方法主要有共混纺丝法和后整理法,这里主要讨论后整理法。后整理法是指用含抗菌剂的溶液或树脂对织物进行浸渍、浸轧或涂覆处理,当通过高温陪烘或其他方法蒸发时，织物上会沉淀一层不溶或微溶的抗菌剂，从而使织物获得抗菌性能。一般在染整加工的最后阶段进行，也可以在制成成品后进行。根据抗菌剂的种类和纤维类别不同，可制得溶出型和非溶出型两种抗菌纺织品。

溶出型抗菌纺织品中的抗菌剂可以从纤维内部扩散到纤维表面形成抗菌环，从而杀死环内的细菌。这类纺织品不耐水洗，适宜用作一次性或洗涤次数少的纺织品，如医院包扎用绷带、一次性手术服、一次性台布和毛巾等。

非溶出型抗菌纺织品一般通过化学反应在纤维表面接上具有抗菌性能的基团而获得。这些抗菌剂可以与纤维形成共价键或离子键，作用时抗菌剂不能扩散，但与该纤维接触的细菌均可被杀灭，而且抗菌效果较为持久，可用作床上用品、内衣毛巾等纺织品。抗菌基团的接枝方法对纤维有一定的选择性，一般要求纤维具有活性基团。

相比较而言，后整理加工方法比较简单，加工成本较低，市场上的各种抗菌产品多采用此法。

抗菌整理剂种类很多，主要分为无机类、有机类和天然抗菌剂三类。基于对安全性能的要求，广谱、高效、持久、安全型抗菌剂是应用开发重点。

无机类抗菌剂多为金属离子以及一些光催化抗菌剂和复合整理抗菌剂。抗菌成分主要是金属（如 Pd、Hg、Ag、Cu、Zn 等）以及它们的化合物，通过与细菌中的细胞蛋白结合，使其变性或失活。考虑到安全性，常选用 Ag、Cu、Zn。由于 Cu 离子带颜色，会影响织物外观；Zn 虽有一定的抗菌性，但其强度仅为 Ag 的 1/1 000。其中银离子的抗菌效果最好，同时银离子杀菌具有广谱、高效、持久、不易产生抗药性、对人体无毒无刺激等优点，因此市场上绝大多数商品用载银无机抗菌剂。

有机类多为传统抗菌剂，其主要成分为机酸、酚、醇，以破坏细胞膜、使蛋白质变性代谢受阻等为抗菌机理，其优点是杀菌力强、效果持久、来源丰富，缺点是毒性大、耐热性较差、易于迁移并且会使微生物产生耐药性等。其中季铵盐抗菌剂在市场上较为常见。

天然抗菌剂主要是甲壳素及其衍生物壳聚糖，具有生物降解性、生物相容性、无毒、可复原等特点，属于非溶出型抗菌剂，抗菌效果持久。

下面介绍几种有机类常用抗菌剂对纺织品抗菌、防霉防臭整理方法：

（一）有机硅-季铵盐抗菌整理

有机硅-季铵盐抗菌整理主要采用对人体无害的抗菌剂，通过化学结合等方法使它们留存在织物且耐洗，经过直接作用或缓慢释放，达到抑制菌类生长的目的。目前较常用的整理法是道康宁公司的 DC5700 抗菌整理。

DC5700 是有机硅的季铵盐，主要成分是 3-（三甲氧基甲硅烷基）丙基二甲基十八烷基氯化铵，是阳离子表面活性剂，有良好的抗菌作用，它以有机硅为媒介，在纤维表面与纤维形成化学键，从而产生持久的抗菌性能。其结构式为：

$$\left[(CH_3O)_3Si(CH_2)_3-\overset{\displaystyle CH_3}{\underset{\displaystyle CH_3}{N}}-C_{18}H_{37} \right]^+ \cdot Cl^-$$

这种产品一般为含有效成分 42% 的甲醇溶液，外观为琥珀色，密度（25 ℃）为 0.87 g/cm³，折光率（26 ℃）为 1.39，闪点 11 ℃，pH 值为 7.5，浊点为 −3 ℃。它可以溶解在水、醇类、酮类、酯类、碳氢化合物和氯化碳氢化合物中，在 125 ℃ 以下稳定，温度在 −17.7～50 ℃ 之间变化 10 次仍然稳定。

从这种产品的化学结构来看，它既能与纤维素纤维发生化学结合，又能自身缩聚成膜，因此，它不仅可使纤维素纤维具有优良、长效的抗菌性能，而且可用于涤纶、锦纶等合成纤维和它们的混纺或交织产品，使其具有较好的抗菌性能。

有机硅-季铵盐整理织物有浸渍法和浸轧法两种。整理后的增重率控制在 0.1%～1%。配制工作液时，要边加边搅，否则会产生凝聚。工作液中可加入起协同作用的渗透剂。它可与非离子型及阳离子型表面活性剂同浴处理，但不能与常用的阴离子型助剂同浴。浸渍或浸轧处理后，在低于 120 ℃ 的温度下烘干，当水和甲醇蒸发完毕，即完成整理操作。此时有机硅-季铵盐已在织物表面与纤维素分子产生缩聚结合，不需要再进行高温处理。

有机硅-季铵盐整理后的织物具有良好的抗菌性，对白癣菌、大肠杆菌、念珠菌和绿脓杆菌均有抑制功能。由于此法不会产生通常测定的抑菌环（也称抑菌晕圈），所以此类织物的抗菌性只能用菌数测定法衡量。根据实测，各种菌类降低数均在 98% 左右。这种测定在实验室内进行，在实际环境中，情况要复杂得多。

有机硅-季铵盐整理后的织物适用于睡衣、被褥、内衣、内裤、运动服、工作服、袜子及毛巾等，相关产品的专用名称有 Biosil、Biolguard、Biolfresh、Sylguard、Saniguard＋Plus 等。

（二）二苯醚类抗菌整理

这类整理在日本应用较多，如敷岛公司的 Nonstac 等。此外还有与其他化合物的复合体，如帝人公司的二苯醚类与阳离子性的有机硅烷化合物。

二苯醚类抗菌整理剂商品为非离子性的白色浆体。这种浆体比较容易分散在水中。工作液浓度为 2% 左右，pH 值为 7 左右。由于二苯醚类对纤维没有亲和力，因此只能依靠与树脂混用才能比较牢固地附着在织物上。加工采用浸渍法、浸轧法和喷雾法，然后经烘干和焙烘完成。二苯醚类抗菌整理可用于袜子、内衣、毛巾、衬衫、运动服、床上用品、窗帘、手帕和地毯等。

（三）有机氮抗菌整理

有机氮类抗菌整理近年来受到人们的重视。日本人中岛照夫认为具有下列结构的化合物

$$\{(CH_2)_6-NHCNHCNH\}_n HCl$$

是最佳的抗菌整理剂，主要是从对比试验中得知，只有要采用有机氮化合物才能抑制白癣菌（真菌）、金黄色葡萄球菌（革兰氏阳性菌）和大肠杆菌（革兰氏阴性菌）。而用二苯醚类抗菌整理的织物上仍有白癣菌生长，用有机硅-季铵盐处理的织物上难以抑制上述三类微生物的生长。这当然是一家之言。有人做过有机氮类抗菌整理织物与有机硅-季铵盐抗菌整理织物的耐洗涤效果的对比，结果是后者经 50 次洗涤后仅对菌类中的金黄色葡萄球菌和大肠杆菌仍有较好的抑制生长作用，而对危害极大的绿脓杆菌及白癣菌已丧失抑制作用；前者仍然能保持极高的抑菌作用。由于具体的实验条件不同，以上对比结论只能作为参考，更何况在实际应用中，情况要复杂得多。

四、抗菌效果测定

测定织物的抗菌效果会由于条件差异而得出不同的结果。抗菌纺织品的一个特殊质量指标是抗菌效果。对抗菌效果的评价方法，目前国内外还没有一个公认、统一、具有广泛适用性

的标准。

按照我国现行法规，测试由国家认证单位（CMA）进行。例如由 CMA 单位——中国预防医学科学院环境卫生与卫生工程研究所进行。测定方法主要有两种：一种为布片粘贴法，测量在有培养基上的抑菌环宽度（cm），主要检查释放性抗菌（消炎）的能力，释放性抗菌能力的持久性以耐洗涤次数表示；另一种方法为试管法，每次取 1 g 布样，加入 10 mL 含菌量为 10^6 cfu 的 PBS，充分接触 10 min 取出，以布样不滴水为度，放入 10 mL 肉汤或沙氏培养基中，观察菌液中及布片上有无菌类生长，连续观察 7 天。这种方法主要测定织物本身的抑菌生长的效果。

复习要点：

1. 纺织品附加功能整理的目的、工艺原理、取得的效果。

2. 根据纺织品的特点和附加的功能，进行整理的工艺原理、取得的效果。

3. 功能整理纺织品的功能时效特点，功能织物的效果评定和安全性评定。

思考题：

1. 柔软整理剂有哪些类型？为什么整理于织物上有柔软效果？

2. 棉织物的内在起皱原因是什么？抗皱剂整理后为什么有抗皱效果？

3. 分析织物表面性能，说明拒水整理剂是怎样改变织物表面性能而使织物有拒水效果。

4. 查阅资料，说明具有阻燃效果的元素有哪些。

5. 织物燃烧过程中主要有哪些变化？阻燃剂是怎样抑制其燃烧的？

6. 织物静电是怎样产生的？其影响因素有哪些？

7. 抗静电剂依据持续效果分为哪几种？简述抗静电剂的抗静电作用原理。

8. 抗菌剂有哪些种类？是怎样抑制织物上的有害细菌的？

9. 查阅相关资料，说明有机硅-季铵盐抗菌棉织物整理的耐久性能。

参 考 文 献

［1］王菊生,孙铠. 染整工艺原理. 北京：中国纺织出版社,1997.

［2］梅自强. 纺织工业中的表面活性剂. 北京：中国石化出版社,2001.

［3］邵宽. 纺织加工化学. 北京：中国纺织出版社,1996.

［4］姚穆. 纺织材料学. 2 版. 北京：中国纺织出版社,2000.

［5］周宏湘. 真丝绸染整新技术. 北京：中国纺织出版社,1997.

［6］周本省. 工业水处理技术. 北京：化学工业出版社,1997.

［7］房宽峻. 纺织品生态加工技术. 北京：中国纺织出版社,2001.

［8］上海市印染工业公司. 印染手册. 北京：中国纺织出版社,1978.

［9］陈荣圻. 表面活性剂化学与应用. 北京：纺织工业出版社,1990.

［10］赵国玺. 表面活性剂物理化学. 北京：北京大学出版社,1991.

［11］［日］北原文雄. 表面活性剂. 孙绍曾,译. 北京：化学工业出版社,1984.

［12］傅献彩,陈瑞华. 物理化学. 北京：人民教育出版社,1980.

［13］郑光洪,冯西宁. 染料化学. 北京：中国纺织出版社,2001.

［14］水佑人. 织物的化学整理. 北京：纺织工业出版社,1984.

［15］张济邦. 织物阻燃整理. 北京：纺织工业出版社,1987.

［16］*Functional Finishes Part B*. New York, 1983.

［17］范雪荣. 纺织品染整工艺学. 北京：中国纺织出版社,1999.

［15］陶乃杰. 染整工程. 北京：中国纺织出版社,2001.

［18］Menachem Lewin, Stephen B. Sello. *Functional Finishes*. 王春兰,译. 北京：纺织工业出版社,1992.

［19］蒋满. 棉、涤及涤棉混纺织物的阻燃整理. 广西化纤通讯,1990(2)：40-44.

［20］薛迪庚. 织物的功能整理. 北京：中国纺织出版社,2000.

［21］［以］M. 利温,［美］S. B. 塞洛. 纺织品功能整理. 北京：纺织工业出版社,1992.

［22］陈荣圻,王建平. 生态纺织品与环保染化料. 北京：中国纺织出版社,2002.

［23］周宏湘. 国外抗菌、防臭、消臭加工的新进展. 广西纺织科技,1994,23(1)：4,49.

［24］冯亚青. 助剂化学与工艺学. 北京：化学工业出版社,1997.

［25］陈溥,王志刚. 纺织染整助剂手册. 2 版. 北京：中国轻工业出版社,1999.

［26］阎克路. 染整工艺学教程(第一分册). 北京：中国纺织出版社,2005.

［27］郝新敏,杨元. 功能纺织材料和防护服装. 北京：中国纺织出版社,2010.

［28］郭腊梅,赵俐,崔运花. 纺织品整理学. 北京：中国纺织出版社,2005.